怀得上
生得下
孕期
营养攻略

@营养师佳凝　著

U0309794

适合中国准妈妈的孕期营养科普书籍

CS|K 湖南科学技术出版社

作者简介

@营养师佳凝

北京大学生育健康研究所教育中心 营养师

70后职场妈妈、互联网公司健康发起人、自媒体人、分享达人、最接地气的新手妈妈，一个乐于分享实用的婴幼儿养育知识的达人。

没有哪个女人会天生当妈妈，养育孩子是一个漫长而艰辛的修行过程，就像打游戏，一关更比一关难，当觉得心累想停下来歇歇的时候，却发现离通关还有好长一段距离。

食物 = 正能量

决定写这本书的时候，突然让我回忆起我的初中时代。那时候国人正经历着"改革开放"，属于刚富裕起来的阶段，老百姓纷纷开始喝甜饮料，吃方便面，我的妈妈也不例外。初中三年，我的早饭几乎每天都是：两包"华丰方便面"加两个"荷包蛋"。吃完老妈煮的一大碗方便面，我每天早晨6点30分准时出门，没等到午饭时间我已经"饥火中烧"（这就是营养学里所谓的"隐形饥饿"，虽然热量够了，但是维生素和矿物质含量极为贫乏，贫乏到难以长时间维持正常生命活动的程度）。如今，北京市教委出台政策，要求中小学校园中禁止销售碳酸饮料，并严格控制和管理汉堡包、方便面等低营养价值食品。此消息一出，我的母亲也开始向周围朋友宣教，方便面是救灾、外出、应急情况的备荒食品，不能替代正餐成为餐桌主食。

如今的我，受所从事工作的影响，早餐吃得像"皇帝"一样。2010年"微博时代"来袭，"织围脖"成为当下不少年轻人的网络生活新方式，三言两语、现场记录、发发感慨、晒晒心情，越来越多的网友开始在微博里"晒早餐"，也有网友在微博中提出自己对健康饮食的疑虑，那时我也开始"跟风"建立自己的微博——@营养师佳凝，我发现很多网友以为，牢记"食物相克"原则，什么食物必须在哪个时间段吃，是加油吃还是焯水吃之类的"小知识"，就认为自己很懂得健康饮食，其实孕妇合理补充维生素和矿物质的原则是"适量"和"安全"，"适量"即吃对数量和比例，"安全"即选择天然食物，同时根据目前中国人饮食结构，进行营养补充。

2014年夏天，我在微博中发布图文"史上最全的孕妇补钙攻略"，通过孕妇钙质的推荐摄入量和举例各种食材含钙量，告诉准妈妈，补钙并非多多益善，文章迅速被"@备孕知识百科""@孕事"等转发推荐，在短短的3天内阅读量突破30万次，我的粉丝们也开始通过微博询问我，如何查看"食物成分表"？如何知道某种营养成分的推荐摄入量？这些未来的准妈妈在"织围脖"的同时还慢慢提高了自己的"食商"。

于是，我利用工作之余，晚间熬夜完成了这本《怀得上，生得下——孕期营养攻略》。我很想通过这本书，让更多的准妈妈可以享受孕期和宝宝合体的日子，准备美食的美好时光，这本书不止有赏心悦目的早餐、孕妇便当，还有从小爱吃的家常菜，每一个章节都蕴含着我对美食的热爱，希望这本书可以给处在备孕期的"准妈妈"带来欣喜。

营养师佳凝

2016年1月

目　录

怀孕前后要知道的事

怀孕前后要特别关注的营养素

新手厨娘小课堂

早 餐

午饭便当

从小爱吃的菜

怀孕前后
要知道的事

为何我叫大家"育龄女性"

育龄女性是指从 18～48 岁约 30 年期间有生育能力的妇女，这一阶段妇女性功能旺盛，卵巢功能成熟并能分泌相应激素，能够有规律地排卵，再加上相应成熟而健康的精子以及包括营养在内适宜的环境因素，就具备了妊娠所必需的条件。此外，适宜体重、身材、健康的生活方式更有利于孕妇和胎儿健康。

被"关爱"过度的中国孕妇

"一人吃两人补"。怀孕以后，孕妈妈的饮食除了满足自身的营养需要外，还担负着为胎儿不断生长发育提供营养物质的任务。因此，按照老一代传统总会被督促着吃大量昂贵的补品，如燕窝、人参、桂圆、鹿茸等。

事实上，国际医学界目前只推荐孕妇服用"叶酸增补剂"，从准备怀孕开始每天补充至少 400 微克（0.4 毫克）叶酸，而叶酸的获取仅靠日常饮食还不够。至于各种昂贵的滋补品，不但没必要，甚至有害，仅仅是用金钱换取一点心理安慰而已。以燕窝为例，从营养学的角度来说乏善可陈，人们能从燕窝中找到的任何营养成分，都可以通过其他普通食品获得，甚至更为优越；而滥服人参，可能加重妊娠不适症状，出现兴奋激动、烦躁失眠、咽喉干痛、血压升高等不良反应，医学上称为"人参滥用综合征"，有流产和死胎的危险。

食补和药补到底哪个好呢

首先，我用图来和大家说明下，食、药、膳食补充剂 3

种分类来区别。不难看出，保健食品与普通食品、药品有着本质的区别。

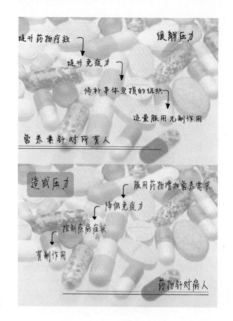

保健食品是指声称具有特定保健功能或者以补充维生素、矿物质为目的的食品，即适宜于特定人群食用，具有调节机体功能，不以治疗疾病为目的，并且对人体不产生任何急性、亚急性或者慢性危害的食品。作为食品的一个种类，保健食品具有一般食品的共性，既可以是普通食品的形态，也可以使用片剂、胶囊等特殊剂型。但是，保健食品的标签说明书可以标示保健功能，而普通食品的标签不得标示保健功能。

保健食品与药品的主要区别：保健食品不能以治疗为目的，但可以声称保健功能，不能有任何毒性，可以长期使用；而药品应当有明确的治疗目的，并有确定的适应证和功能主治，可以有不良反应，有规定的使用期限。

OTC药品为非处方药品，比如叶酸、儿童感冒药、一些日常常见药品，不需要医师处方可以直接去药店购买。

哪些人群需要额外服用膳食补充剂

虽然有了"平衡膳食宝塔"的指导，但在实际生活中，要真正做到"平衡膳食、合理营养"还有不少困难，因为膳食搭配还会受到食物供应、食品选择、加工烹调、饮食习惯、劳动性质、环境因素，以及人们在不同时期生活和劳动强度的波动等因素的影响。因此，对于一些特殊人群，可以额外服用维生素补充剂。

1. 处于特殊生理条件下的人群，如处于生长发育中的小儿，有额外负担的孕妇、乳母等。例如：准备怀孕的女性每天 0.4 毫克的叶酸片，可以预防胎儿出生缺陷的发生率。

2. 工作紧张、压力大的人群，以及出于"社交需要"经常食无定时的人，经常均衡性地补充一些多元微量营养素制剂还是有益于健康的。

3. 有特殊疾病的人群，因维生素和其他营养素摄取和吸收受到影响，需要额外补充，这种情况下临床医师或营养师都会提出补充的建议。例如：更年期女性为了减少骨骼中钙质的流失，除了含钙丰富的食物，还可以服用适量的钙补充剂。

此外，偏食的儿童、对体重敏感的青少年、不吃早餐的人、素食者、饮食受限的老年人、食物过精过细的人、从不关心食谱的人等，也应该适当补充维生素。

维生素、矿物质的分类

水溶性维生素
维生素 C 和所有 B 族维生素

脂溶性维生素
维生素 A、维生 D、维生素 E、维生素 K

宏量元素
钙、镁、钾、钠、磷、硫、氢

微量元素
铁、铜、碘、锌、硒、锰、钼、钴、铬、锡、钒、硅、镍、氟

维生素 ●●●

●●● **矿物质**

备孕期间膳食宝塔

畜禽肉类50~70克

鱼虾类50~100克

豆类及坚果30~50克

蔬菜类300~500克

水果类200~400克

植物油25~30克

盐6克

米脂小米

水1200毫升，身体活动6000步

奶类奶制品300克

蛋类25~50克

谷物薯类和杂豆类250~400克

孕早期平衡膳食宝塔

适量饮水

适当身体活动　盐6克

水果100~200克

奶类奶制品200~250克

谷物薯类和杂豆类200~300克

奶类奶制品200~250克

蔬菜类（绿叶菜）300~500

植物油15~20克

鱼、禽、蛋肉类

（含动物肝脏）150~200克

（鱼类、禽类、蛋类各50克）

孕早期推荐食物

孕早期是指怀孕 0 ～ 13 周，这个时期胚胎生长速度慢，但是早孕反应会影响营养均衡，只能因人而异，能吃得下的时候尽量吃，不拘时间。一般来说，选择清淡容易消化的食物，少食多餐，可准备一些可口的零食，在想吃的时候补充一下营养。

孕周	推荐食物
孕 1 周	黑豆、花生、菠菜、虾、
孕 2 周	核桃、紫菜、草莓、猪肝、麦片、橙子、牛奶、杏仁
孕 3 周	葵花籽、香菇、菜花、柚子
孕 4 周	红枣、黑木耳、黄豆、鸡蛋
孕 5 周	南瓜、西红柿、芦笋、香蕉
孕 6 周	生姜、苹果、燕麦片、柠檬
孕 7 周	酸奶、芹菜、南瓜子
孕 8 周	白萝卜、虾皮、豆腐、菠萝
孕 9 周	松子、西葫芦、橙子
孕 10 周	奶酪、猪肉、山药、草鱼
孕 11 周	绿豆、牛肉、海带、大白菜
孕 12 周	黄瓜、猕猴桃、青椒、黄花鱼
孕 13 周	奶酪、山药、猪肉、草鱼

孕中、晚期平衡膳食宝塔

蔬菜类300~500克

（其中绿叶蔬菜占

2/3）

水果200~400克

谷物薯类和杂豆类350~450克

（杂粮不少于1/5）

植物油20~25克

盐6克

奶类奶制品200~500克

大豆类及坚果60克

鱼、禽、蛋肉类

（含动物肝脏）200~250克

（鱼类、禽类、蛋类各50克

适量饮水

适当身体活动

孕中期推荐食物

孕中期是指怀孕 14～26 周，这一时期胎儿生长速度非常快，营养需求大大增加，全面而均衡的营养对胎儿的生长发育非常重要。这个时期孕妇体重明显增加，进食量也增加，可以适当加餐。

孕周	推荐食物
孕 14 周	红薯、圆白菜、玉米、榛子
孕 15 周	猪小排、荷兰豆、丝瓜、葡萄
孕 16 周	苋菜、鸡肝、蒜苗、西兰花
孕 17 周	糙米、紫甘蓝、金针菇、豇豆
孕 18 周	牡蛎、白芝麻、西瓜、百合
孕 19 周	胡萝卜、鳝鱼、芒果、芝麻酱
孕 20 周	银耳、芸豆、空心菜、蜂蜜
孕 21 周	猪心、玉米油、黄花菜、牛奶
孕 22 周	鸭蛋、山竹、苹果、红豆
孕 23 周	枸杞子、黑米、橄榄油、桑椹
孕 24 周	猪蹄、绿茶、板栗、胖头鱼
孕 25 周	花生、鱿鱼、小油菜、海参
孕 26 周	葡萄干、蕨菜、生菜、豆浆

孕晚期推荐食物

孕晚期是指怀孕 27～40 周，这一时期胎儿生长更快，孕妇的体重也越发增加，要注意增加蛋白质、钙、铁的量，保证体重正常增长。

孕周	推荐食物
孕 27 周	茼蒿、豆渣、小米、韭菜
孕 28 周	魔芋、绿豆芽、兔肉、洋葱
孕 29 周	鲈鱼、哈密瓜、荸荠、苦瓜
孕 30 周	冬瓜、鲤鱼、土豆、枇杷
孕 31 周	带鱼、豆腐干、橘子、乳鸽
孕 32 周	鳕鱼、莴笋、南瓜、口蘑
孕 33 周	蚕豆、鸭掌、大蒜、羊肉
孕 34 周	乌梅、红糖、小白菜、武昌鱼
孕 35 周	茄子、鸡腿菇、甘蔗、菊花
孕 36 周	竹笋、驴肉、火龙果
孕 37 周	鹌鹑蛋、四季豆、豌豆苗、甜椒
孕 38 周	提子、洋葱、鸭肉、玉米面
孕 39 周	雪梨、莲藕、泥鳅、油麦菜
孕 40 周	巧克力、杨梅、藕粉

哺乳期平衡膳食宝塔

植物油20~25克

奶类奶制品300~550克

谷物薯类和杂豆类350~450克

水果200~400克

（杂粮不少于1/5）

盐6克

适量饮水

适当身体活动

鱼、禽、蛋肉类

（含动物肝脏）200~300克

蔬菜类300~500克

（鱼类、禽类、蛋类各50克）

（其中绿叶蔬菜占2/3）

大豆类及坚果60克

什么是推荐营养摄入量（RNI）

推荐摄入量（recommended nutrient intake，RNI）指个体每天摄入该营养素的目标值，是可以满足某一特定性别、年龄及生理状况群体中绝大多数（97%～98%）个体需要量的摄入水平。长期摄入RNI水平，可以满足身体对该营养素的需要，保持健康和维持组织中有适当的储备。

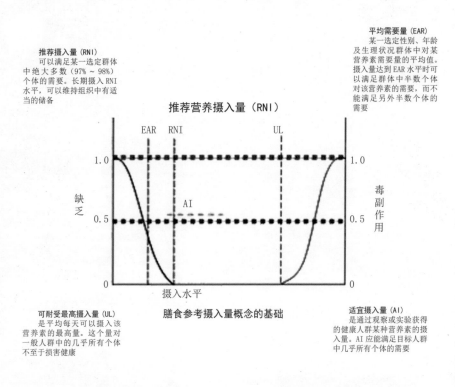

推荐摄入量（RNI）
可以满足某一选定群体中绝大多数（97%～98%）个体的需要。长期摄入RNI水平，可以维持组织中有适当的储备

平均需要量（EAR）
某一选定性别、年龄及生理状况群体中对某营养素需要量的平均值。摄入量达到EAR水平时可以满足群体中半数个体对该营养素的需要，而不能满足另外半数个体的需要

推荐营养摄入量（RNI）

膳食参考摄入量概念的基础

可耐受最高摄入量（UL）
是平均每天可以摄入该营养素的最高量。这个量对一般人群中的几乎所有个体不至于损害健康

适宜摄入量（AI）
是通过观察或实验获得的健康人群某种营养素的摄入量。AI能满足目标人群中几乎所有个体的需要

怎么样补充才不会营养过剩呢

早年我在写博客的时候，曾经推荐大家可以用百度搜下"推荐摄入量（RNI）"，针对不同年龄（人群）有不同的推荐摄入量。

了解了推荐摄入量（RNI）以后，选购保健品首先要仔细研究产品成分表，如果成分表中营养素的含量是推荐摄入量的 1/3 ～ 2/3，您可以放心直接购买，因为我们在日常餐桌上会摄取到"食补"带来的营养，营养补充并非多多益善，选购保健品之前一定要找准自身人群的推荐摄入量值。

我们一直在为"天然""进口"两字买单

　　我经常在备孕妈妈群里听到网友说，海外代购的"天然进口维生素"，价格要高出普通产品几倍，"天然"真的那么值钱吗？

　　天然维生素与合成维生素的分子式一样，它们的化学结构、生物活性及在人体的吸收利用上并无很大差别。

　　目前没有一种营养补充剂能完全取代并达到天然食物的营养。

　　特殊的"叶酸"天然提取物吸收利用率反而比合成物低。

　　目前市场上出售的膳食补充剂，除了"维生素 E"，其他常见的矿物质、维生素是否"天然"区别不大。

算算自己补充过量了吗

　　计算办法：推荐摄入量－服用营养素含量＝需要从食物中摄取量

　　如果在备孕、怀孕期间服用多种膳食补充剂产品一定要仔细查看产品的成分表含量。

推荐摄入量（RNI）－孕妇维生素中的含量－孕妇奶粉中含量，即可得知是否补充过量。

用最简单的方法给自己"私人订制"孕妈妈一日餐单

用餐时间	餐单
8：00	豆浆（红豆＋黄豆混合）1 杯
	胡塔子饼（面粉 100 克）
	鸡蛋 1 个、西葫芦、胡萝卜
	红皮花生一把
	酱牛肉 2 片
	凉拌芹菜
10：00	苹果 1 个
	核桃 1 个、松子少许
12：00	糙米饭
	田园蔬菜龙骨汤（玉米 100 克，龙骨适量，藕 50 克、胡萝卜少许）
	油菜炒海米
15：00	猕猴桃酸奶 1 杯
	全麦饼干 1 块
18：00	红豆粥 1 碗
	清蒸鲈鱼
	清炒油麦菜
21：00	雪梨银耳羹

孕期不沾边的食品

香烟：烟中的尼古丁可通过胎盘进入胎儿体内，会造成胎儿在宫内缺氧，心跳加快，进而发生流产、增加胎儿畸形发生率。

酒：酒中含有乙醇，可通过胎盘进入胎儿体内，对胎儿的大脑、心、肝脏造成不利的影响，导致胎儿流产或畸形。

马齿苋：对子宫有明显的兴奋作用，使得子宫收缩次数增多，从而导致流产。

螃蟹：螃蟹性寒凉，有很强的活血功能，尤其是蟹爪，孕妈妈吃后非常容易造成流产。

甲鱼：甲鱼有活血散瘀的作用，甲鱼肉容易造成流产。

可乐：可乐内含有咖啡因，而且糖分过高，进入体内会产生大量酸性物质，影响孕妇体内环境，进而影响胎儿的稳定。

孕期少吃的食品

咖啡：咖啡中含有的咖啡因有兴奋作用，摄入太多会使得孕妇心跳加快，危害胎儿的稳定性，有研究表明每天喝两杯咖啡的孕妇流产的概率会增加1倍。

红茶：红茶中同样含有咖啡因，浓茶咖啡因含量更加高，经常大量饮用会明显增加胎动次数，平时喜欢喝茶的妈妈可以饮少量淡绿茶。

荔枝：荔枝性热，吃多了很容易上火，从而影响胎儿的稳定。

桂圆：桂圆属于热性食物，多吃不利于安胎。

苦瓜：苦瓜内含有少量奎宁会刺激子宫收缩引起流产，不建议吃大量苦瓜。

薏米：薏米对子宫平滑肌有兴奋作用，可促进子宫收缩，多吃会诱发流产。

冷饮：夏季饮用冷饮，会让胎儿躁动不安，同时冷饮会刺激肠胃蠕动加速，也会间接威胁胎儿的稳定，不利于安胎。

兔肉：兔肉凉血、活血，吃太多兔肉会导致流产，尤其有先兆流产的孕妇更应该戒食。

燕 窝

燕窝到底有什么营养？

燕窝的成分

燕窝是雨燕科动物用唾液将经过胃液消化的部分食物和苔藓、海藻等胶结所筑成的巢窝，富含丰富的氨基酸、膳食纤维、多种矿物质、微量元素及独特的表皮生长因子。

燕窝的营养价值

雨燕科动物的唾液有助于阻断病毒、细菌及细菌毒素对上皮细胞的附着，可增强免疫能力及身体对辐射损害的抵御能力。燕窝独特的生物活性分子有助于加速新陈代谢、促进机体细胞的分裂、再生和组织重建，有助于病后的体质恢复。在中医学理论中，燕窝具有养阴、润燥、养颜、延缓衰老、清虚热、治虚损的功效。

每一位孕妈妈都适合吃燕窝吗？

燕窝毕竟是含有大量的燕类唾液的食物，而唾液中富含的蛋白质对过敏体质而言，可能是危险的致敏成分，因此孕妈咪即便平日吃海鲜不过敏，初次尝试燕窝也应当谨慎。

燕窝的误区

1. 越多越好。每天不宜超过 2～3 克干货。

2. 越白越好。有可能是经过漂白的掺假燕窝。

3. 血燕窝补血。血燕窝产量极少，多为掺杂有害物质的假货。

4. 功效神奇。燕窝不是"神药"，食物多样化才有助于全面营养。

5. 炖煮时间越长越好。制作燕窝时炖煮的时间不宜超过半小时。

燕窝需要彻底泡发、小火炖煮，最好同时搭配含糖类丰富的食物，如粥、面点等，以增加燕窝中蛋白质的利用率。

燕窝价格昂贵，不是每个普通百姓都消费得起，目前市场售价是 100 克燕窝 4000 元左右。

海 参

海参作为世界八大珍品之一，除了是珍贵的食品外，更是名贵的药材。据《本草纲目拾遗》中记载：海参，味甘咸，补肾，益精髓，摄小便，壮阳疗痿，其性温补。现代研究表明，海参具有提高记忆力、延缓性衰老，防止动脉硬化、糖尿病以及抗肿瘤等作用。

海参的营养价值

在海参的营养成分中，有两种成分特别珍贵，一种是海参黏多糖，另一种是海参皂苷。

海参黏多糖一般是由氨基己糖、己糖醛酸和岩藻多糖组成的酸性黏多糖，具有降低血糖、抗血栓、延缓衰老、提高免疫力等作用。

海参皂苷也称海参素，在人体内有抗凝血作用，且具有神经肌肉活性，有明显的抗肿瘤作用。海参素在 6～25 微克/毫升的浓度时，能抑制多种真菌，并对蛋白

质的合成和能量代谢有一定的促进作用，而海参黏多糖和海参皂苷两种营养成分主要存在于"海参筋"中。

海参的误区

误区一：海参可以治疗糖尿病

海参并不能预防和治疗糖尿病。海参受到糖尿病患者的追捧是因为糖尿病患者最怕免疫力遭到逐渐破坏而诱发各种并发症，而海参却能显著提高免疫力——也就是说，海参可以通过提高糖尿病患者的免疫功能来预防各种并发症，进而阻滞糖尿病病情进一步恶化。

误区二：夏天不能吃海参因为容易上火

海参从中医理论上讲属温性，适合四季进补，夏天吃海参不但无害，而且有益，因为夏天人易上火厌食，抵抗力下降，吃海参正好可以改善这些症状。但需要注意的是，海参润五脏，滋津利水，腹泻者不宜食用。

误区三：痛风患者不能吃海参

其实海鲜与海参还是有着本质的区别。痛风患者在日常饮食中不能大量食用含嘌呤过高的食物，也不能吃海鲜，一吃海鲜痛风就会发作，却可以吃海参。这是因为大部分海鲜食品嘌呤含量较高，海鲜中嘌呤的含量因食物不同而不一样。每 100 克食物中嘌呤含量高达 150～1000 毫克的有沙丁鱼、鲭鱼、虾，每 100 克食物中嘌呤含量达 75～150 毫克的有鳕鱼、扇贝、凤尾鱼、马哈鱼、金枪鱼、螃蟹等。而海参每 100 克嘌呤含量仅为 4.2 毫克，适合于痛风患者食用（嘌呤含量每 100 克低于 25 毫克痛风患者可食用）。

误区四：吃新鲜的海参最有营养了

目前市场有盐干海参、糖干海参、淡干海参。干海参让海参运输方便易于储存，缺点是泡发比较麻烦，有的消费者为了吃到"新鲜的海参"，在海边打捞上来后直接沾着鲍鱼汁入口，这种吃法是最不科学、最不卫生的，因为鲜活海参可能携带细菌甚至病毒，常吃未经处理的鲜活海参，有可能受到细菌或病毒的入侵而患病，所以大家千万不要轻易尝试这种吃法。

哪些人群不宜食用海参

（1）3岁以下儿童一般不宜多吃海参。

（2）有类风湿关节炎的人也要少吃或者不吃海参。

（3）当您处于服用中药期间，也要少吃或不吃。

（4）伤风感冒、身体发热者不宜进食。

（5）海参润五脏，滋津利水，脾胃有湿、咳嗽痰多、舌苔厚腻者不宜食用。

（6）感冒及腹泻患者，最好暂时别吃海参。

（7）高尿酸血症患者不宜长期食用海参。

（8）容易对蛋白质过敏的人不易多吃海参。

龙 虾

　　小时候物资匮乏，那时候能吃饱饭就很满足了，可现在生活条件好了之后，人们对饮食的追求，用个赶时髦的词——"高大上"来比喻，真不为过。饮食上的"高大上"，细解就是追求高端、价格贵、稀有的食物，如龙虾、鲍鱼等。

龙虾的营养价值

　　龙虾营养成分丰富，是补充蛋白质、氨基酸以及各种矿物质的很好的食物。龙虾含蛋白质比较高，含有人体所需的8种必需氨基酸；龙虾脂肪含量比较低，而且大都是不饱和脂肪酸，易吸收，且可以防止胆固醇在体内蓄积；富含碘、钙、磷、镁、铁、铜等矿物元素，经常食用龙虾肉可保持神经肌肉的兴奋性。

下表是龙虾、河虾、基围虾三种日常生活中常见的"亲民海鲜"和"高端海鲜"的营养成分对比表。

	龙虾	基围虾	河虾
蛋白质	18.9 毫克	18.2 毫克	16.4 毫克
脂肪	1.1 毫克	1.4 毫克	2.4 毫克
胆固醇	121 毫克	181 毫克	240 毫克
钙	21 毫克	83 毫克	325 毫克
磷	221 毫克	139 毫克	186 毫克
钾	257 毫克	250 毫克	329 毫克
钠	190 毫克	172 毫克	133.8 毫克
镁	22 毫克	45 毫克	60 毫克
铁	1.3 毫克	2.0 毫克	4.0 毫克
锌	2.79 毫克	1.18 毫克	2.24 毫克
硒	39.36 毫克	39.70 毫克	29.35 毫克

孕妇可以吃龙虾吗

从龙虾的营养成分来看，孕妇吃龙虾可以为胎儿发育补充钙、铁等矿物质，另外还可以补充维生素 A、维生素 D。但是，孕妇吃龙虾应注意以下几点：

（1）要保证龙虾熟透，且一次食用适量。

（2）如果孕妇是对海鲜类过敏的特殊体质，就应避免吃龙虾。

（3）吃龙虾时不能与葡萄、石榴等含有鞣酸的水果同食，不然易引起呕吐、头晕、腹痛等症状。

鱼　翅

鱼翅的营养价值

从现代营养学的角度看，鱼翅（即软骨）并不含有任何人体容易缺乏或高价值的营养。

鱼翅之所以能食用，是因为鲨鱼的鳍含有一种形如粉丝状的翅筋，其中含80%左右的蛋白质，还含有脂肪、糖类及其他矿物质。鱼翅是比较珍贵的烹调原料，但营养价值并不十分高，因鱼翅所含的蛋白质中缺少一种必需的氨基酸（色氨酸），是一种不完全蛋白质。

鱼翅之所以和熊掌、燕窝等被誉为山珍海味，主要还是"物以稀为贵"引起的，从性价比来看，远远不成比例，没有那么大的价值。

孕妇可以吃鱼翅吗

一个环境调查组的研究表明，在鲨鱼鱼翅汤内含有高浓度的毒性物质——水银，而水银对人高级神经系统有害。在对曼谷销售的鲨鱼的鱼翅进行的两项随机检测毒性试验表明，鱼翅这种美味高档的营养品被水银污染的程度高达70%，含有可被人体吸收的水银比率已超出正常允许含量42倍。而水银的来源是未被处理过的废水。澳大利亚和新西兰最近也向国人提出警告，建议怀孕的妇女尽量不要食用鲨鱼肉，摄入过量的水银会对孕妇和她们的孩子产生非常大的危害，尤其会影响孩子大脑和神经细胞的生成。

冬虫夏草

冬虫夏草是我国的一种名贵中药材，与人参、鹿茸一起列为中国三大补药。

冬虫夏草主要含有冬虫夏草素、虫草酸、腺苷和多糖等成分。冬虫夏草素能抑制链球菌、鼻疽杆菌、炭疽杆菌等病菌的生长，又是抗癌的活性物质，对人体的内分泌系统和神经系统有好的调节作用；虫草酸能改变人体微循环，具有明显的降血脂和镇咳祛痰作用；虫草多糖是免疫调节剂，可增强机体对病毒及寄生虫的抵抗力。

产妇在分娩后吃冬虫夏草对产妇的身体有很好的调养和保健作用，孕妇在孕期是可以吃虫草的，但是要注意量的把握，切不可贪多（专家建议在孕早期适量补充冬虫夏草）。

灵 芝

灵芝是中国传统珍贵药材，药用价值非常高。灵芝具有增强人体免疫力，调节血糖，控制血压，辅助肿瘤放疗、化疗，保肝护肝，促进睡眠的功效。

灵芝的营养价值

主含氨基酸、多肽、蛋白质、真菌溶菌酶（fungal lysozyme），以及糖类（还原糖和多糖）、麦角甾醇、三萜类、香豆精苷、挥发油、硬脂酸、苯甲酸、生物碱、维生素 B_2 及维生素 C 等；孢子还含甘露醇、海藻糖（trehalose）。

孕妇可以吃灵芝吗

因为灵芝很苦，会影响食物的口感。而准妈妈们怀孕期间，胃口可能不好，如果煮好后没办法食用，食物再营养也是徒劳，所以建议选择灵芝时一定要保证天然良品；有极少数人对灵芝过敏，这类准妈妈们就不宜吃灵芝；孕妇可以服用灵芝，但要适量，不宜过多，同时怀孕初期建议不要吃灵芝。

怀孕前后要
特别关注的营养素

生活中常见食物叶酸含量

〈每100克可食部含量〉

菠菜 87.9微克

玉米 55微克　　　　花生米　107.5微克

黄豆 130.2微克　　　紫菜 116.7微克

红小豆 87.9微克

绿豆　393微克

核桃　102.6微克

茴香　120.9微克

莲子 88.4微克

蘑菇（干）110微克

猪肝　335.2微克　　　鸭蛋 125.4微克

羊肝　226.5微克　　　鸡蛋 113.3微克

鸡肝　1172.2微克

腐竹 147.6微克

香菜　148.8微克

孕前期要特别关注的营养素

叶酸——备孕夫妻"孕事大战"第一步

对于某种营养成分或物质，一般我们都认为药补不如食补。然而，补充叶酸却是个例外，这和叶酸的不稳定特性有关。天然食物中的叶酸，遇光、遇热都很容易氧化、失去活性，而且在食物储存、加工、烹饪过程中，50%～95%，叶酸遭到破坏。

什么是叶酸

叶酸（folic acid）是B族维生素的一种，1941年从菠菜中发现而定名。叶酸因在出生缺陷、与心血管系统疾病、肿瘤方面发挥的作用从而日益得到重视。美国从1998年开始就强制在强化面包、面粉、玉米粉、面团、米等谷物中强化叶酸。由于叶酸对热、光线都不稳定，特别是在酸性溶液中温度超过100°C即分解，在中国饮食（煎炒烹炸）的基础方法下导致我们国人普遍摄入叶酸不足，主要是烹调过程中流失过多，食物中的叶酸一般不太稳定，一般烹调过程中50%～90%都会损失。另外，叶酸吸收利用不良，如先天有关的酶缺乏、维生素B_{12}和维生素C缺乏、服用某些二氢叶酸还原酶拮抗剂的药物，等等，都会影响叶酸的吸收。

让叶酸名声大振的是一种叫神经管畸形的出生缺陷。顾名思义神经管畸形，就是胎儿在母体内发育到3～4周时，由于神经管没有完全闭合从而出现的先天缺陷性疾病，主要是无脑和脊柱裂两种中枢神经系统发育异常。无脑儿一般出生前或刚出生便死亡，脊柱裂可存活却会成为终身残疾。

叶酸的生理作用

1. 作为体内生化反应中

一碳单位转移酶系的辅酶，起着一碳单位传递体的作用。

2. 参与嘌呤和胸腺嘧啶的合成，进一步合成 DNA 和 RNA。

3. 参与氨基酸代谢，在甘氨酸与丝氨酸、组氨酸和谷氨酸、同型半胱氨酸与蛋氨酸之间的相互转化过程中充当一碳单位的载体。

4. 参与血红蛋白及甲基化合物如肾上腺素、胆碱、肌酸等的合成。

叶酸对蛋白质、核酸的合成及各种氨基酸的代谢有重要作用。

研究证明准备怀孕的妇女每天补充 0.4 毫克叶酸，可有效降低神经管畸形发生率 85%，降低 50% 的唇腭裂的发生率，降低 35% 的先天性心脏病的发生率、降低 20% 的婴儿死亡率以及降低 15% 其他重大体表畸形发生率。

补充叶酸关键期在孕前 3 个月

在日常饮食下，每天服用叶酸 0.4 毫克（400 微克）连续 4 周以后，可基本纠正体内叶酸缺乏情况。即使服用叶酸 3 个月后没有如期怀孕，也要继续补充。由于怀孕存在不可计划性，婚后即刻服用，可避免错过增补叶酸的关键时期。

每天补充多少不会超标

在正常饮食的情况下，每天补充 0.4 毫克即可，如果是高危人群（高龄孕妇、有过流产史、家族遗传病史等），需要每天补充 0.8 毫克叶酸，每天不要超过 1 毫克用量即可。

叶酸的推荐摄入量

600 微克（0.6 毫克）。

如何选择叶酸片

有些孕妈咪选择"铁质叶酸片"，铁质叶酸片成分主要是铁和叶酸（铁质叶酸片每片含有 10 毫克的铁，0.133 毫克的叶酸），它的主要作用是预防和治疗贫血，所以容易贫血的人群可以服用。这种铁质叶酸片不是备孕专用的叶酸，而准妈妈备孕专用小剂量叶酸是每片 0.4 毫克叶酸，准妈咪们要擦亮眼睛选购孕妇专用小剂量叶酸片。

偶尔漏服用叶酸，要补回来吗

叶酸在体内存留的时间不长，所以需要天天服用，尽量不要漏服，如果漏服也没有必要补回来，按照正常量服用即可。

准爸爸也要备孕补充叶酸吗

准爸爸在孕前适当补充叶酸，能降低染色体异常精子的比例，降低宝宝出现染色体缺陷的概率，准爸爸在孕前 3 个月开始补充叶酸，持续服用到妻子怀孕即可。

其他食物中叶酸的含量（每 100 克可食部分含量）

食物名称	叶酸含量（微克）	食物名称	叶酸含量（微克）
雪里蕻	82.6	辣椒	69.4
芝麻	66.1	豇豆	66
韭菜	61.2	豆腐干（白）	54.2
橘	52.9	蜂蜜	52.6
扁豆	49.6	猪肾	49.6
小米	48.7	枣（干）	48.7
油菜	46.2	玉米面	45.1
小白菜	43.6	海米	43.5
香菇	41.3	豆腐（北）	39.8
葱叶	35	青鱼	34.5
杏仁（生）	32.6	草莓	31.8
生菜	31.6	藕	30.7

生活中常见食物铁含量

（每100克可食部含量）

赤小豆　7.4毫克

山核桃　　6.8毫克

葡萄干9.1毫克　猪肝22.6毫克

松子（生）5.9毫

木耳（干）97.4毫克　　　鸭蛋黄　　2.9毫克

腐竹16.5毫克　　奶酪　　2.4毫克

鸡蛋黄　　6.5毫克

姜（干）85毫克

蘑菇（干）51.3毫克

毛豆3.5毫克

豆腐干（小香干）23.3毫克

芝麻（白）14.1毫克

挂面（标准粉）3.5毫克

传承手工面条

铁 ——孕妈提前储存好"铁"，以免分娩时失血造成"缺铁性贫血"

生理作用

铁是人体的必需微量元素，人体内铁的总量为 4~5 克。铁对人体的功能表现在许多方面，铁参与氧的运输和储存。红细胞中的血红蛋白是运输氧气的载体；铁是血红蛋白的组成成分，与氧结合，运输到身体的每一个部分，供人们呼吸氧化，以提供能量（能量食品），消化（消化食品）食物，获得营养；人体内的肌红蛋白存在于肌肉之中，含有亚铁血红素，也结合着氧，是肌肉中的"氧库"。还可以促进发育；增加对疾病的抵抗力；调节组织呼吸，防止疲劳；构成血红蛋白，预防和治疗因缺铁而引起的贫血；使皮肤恢复良好的血色。

缺乏症状

1. 铁缺乏可引起心理活动和智力发育的损害及行为改变。

2. 免疫力和抗感染能力降低。

3. 铁缺乏症表现为皮肤苍白，舌部发痛，疲劳或无力，食欲不振以及恶心。

4. 缺铁性贫血：整天无精打采，疲劳而倦怠，比较容易被感染。

铁的推荐摄入量（RNI）

孕早期 15 毫克。孕中期 25 毫克。孕晚期 35 毫克。乳母 25 毫克。

其他食物中铁的含量（每 100 克可食部分含量）

食物名称	铁含量（微克）	食物名称	铁含量（微克）
酸枣	6.6	鲍鱼	22.6
辣椒	6	扁豆	19.2
鸭血	30.5	泥鳅	2.9
富强粉	2.7	黄鳝	2.5
鲢鱼	1.4	草鱼	0.8
小麦	5.1		

生活中常见食物维生素B2含量
（每100克可食部含量）

小麦粉 0.08毫克

梨 0.03毫克

油菜 0.11毫克

菠菜 0.11毫克

猪肉（肥瘦）0.16毫克

黄豆 0.20毫克

猪肝 2.08毫克

橘子 0.02毫克

牛奶 0.14毫克

鸡蛋 0.32毫克

大白菜 0.03毫克

大米 0.05毫克

挂面 0.03毫克

馒头 0.07毫克

孕早期要特别关注的营养素——B 族维生素

维生素 B$_2$——维生素 B$_6$ 的好伙伴 "疲劳克星"

生理作用

1. 促进发育和细胞的再生。

2. 促使皮肤、指甲、毛发的正常生长。

3. 帮助预防和消除口腔内、唇、舌及皮肤的炎症反应。

4. 增进视力，减轻眼睛的疲劳。

5. 影响人体对铁的吸收。

6. 与其他物质结合一起，从而影响生物氧化和能量代谢。

缺乏症状

1. 体内维生素 B$_2$ 的欠缺会导致口腔、唇、皮肤、生殖器的炎症和功能障碍，称为维生素 B$_2$ 缺乏病，又称核黄素缺乏病。

2. 长期缺乏会导致儿童生长迟缓，轻中度缺铁性贫血。

3. 严重缺乏时常伴有其他 B 族维生素缺乏症状。

与维生素 B$_6$、维生素 C 及叶酸一起作用，效果最佳。

过量症状

维生素 B$_2$ 摄取过多，可能引起瘙痒、麻痹、流鼻血、灼热感、刺痛等。

维生素 B$_2$ 的推荐摄入量（RNI）

孕妇 1.7 毫克。

生活中常见食物维生素B₂含量

（每100克可食部含量）

黄豆0.1毫克

酵母粉3.67毫克 牛奶0.03毫克

甘薯0.14～0.23毫克

肉类0.08毫克

鱼类0.45毫克

橘子0.05毫克 胡萝卜0.7毫克

食米2.79毫克

菠菜0.22毫克

蛋0.25毫克

维生素 B₆——预防妇科疾病的好帮手

生理作用

维生素 B_6 是人体脂肪和糖代谢的必需物质，女性的雌激素代谢也需要维生素 B_6，因此它对防治某些妇科病大有益处。许多女性会因服用避孕药导致情绪悲观、脾气急躁、自感乏力等，每天补充60毫克就可以缓解症状。还有些妇女患有经前期紧张综合征，表现为月经前眼睑、手足浮肿，失眠，健忘，每天吃 $50 \sim 100$ 毫克维生素 B_6 后症状可完全缓解。

缺乏症状

维生素 B_6 主要作用于人体的血液、肌肉、神经、皮肤等。参与机体抗体的合成、消化系统中胃酸的制造、脂肪与蛋白质利用（尤其在减肥时应补充）、维持钠／钾平衡（稳定神经系统）。一般缺乏时会有食欲不振、食物利用率低、失重、呕吐、下痢等毛病。严重缺乏会有粉刺、贫血、关节炎、忧郁、头痛、掉发、易发炎、学习障碍、衰弱等。

过量症状

用极高剂量，如每天300毫克来预防及治疗妊娠期呕吐或其他原因所致呕吐，均可达到治疗效果，而无毒性。

维生素 B_6 推荐摄入量（RNI）

1.9 毫克。

生活中常见食物维生素B₁含量
（每100克可食部含量）

茄子0.02毫克　　　猪肉0.22毫克

黄瓜0.02毫克　　　核桃0.07毫克

芹菜0.02毫克　　　韭菜0.02毫克

香蕉0.02毫克　　　猪肝0.21毫克

稻米0.16毫克

玉米面0.26毫克

苹果0.06毫克

胡萝卜0.04毫克

鸭蛋0.14毫克

葡萄0.04毫克

马铃薯0.08毫克

绿豆0.25毫克　　　菠菜0.04毫克

鸡蛋0.13毫克

维生素 B₁ ——吃得太"精细"易缺乏

生理作用

维生素 B_1 是人体不可缺少的营养元素之一，它能够增强肠胃的蠕动，促进食物的消化吸收；并且有"大脑维生素"之称，对脑神经的传递有重要作用。它的主要生理功能是构成脱羧酶的辅酶，参与糖的代谢。维生素 B_1 不足，将使丙酮酸（糖代谢过程中的中间产物）代谢受阻，积存在体内，引起脚气病。

维生素 B_1 还能抑制胆碱酯酶的活性，有利于胃肠蠕动和消化腺的分泌。

缺乏症状

维生素 B_1 不足时，可引起肠胃道功能障碍。

人们长期食用精米白面，又缺乏其他杂粮和多种副食品补充，就容易造成维生素 B_1 缺乏，发生脚气病，主要表现为：对称性周围神经炎，全身倦怠，肢端知觉异常，心悸，胃部膨满感，便秘，水肿。

维生素 B₁ 推荐摄入量（RNI）

1.5 毫克。

其他食物中维生素 B₁ 的含量（每 100 克可食部含量）

食物名称	维生素 B₁ 含量（毫克）	食物名称	维生素 B₁ 含量（毫克）
带鱼	0.02	冬瓜	0.01
桃	0.01	鲤鱼	0.03
牛肉	0.03	鲫鱼	0.03
鸡	0.05	鸭	0.08
番茄	0.03		

维生素 B$_{12}$ ——帮助制造骨髓红细胞，防止恶性贫血

生理作用

参与制造骨髓红细胞，防止恶性贫血；防止大脑神经受到破坏。遇热可有一定程度破坏，但短时间的高温消毒损失小，遇强光或紫外线易被破坏，如果是普通烹调过程损失量约30%。维生素 B$_{12}$ 虽属 B 族维生素，却能储藏在肝脏，用尽储藏量后，经过半年以上才会出现缺乏症状。人体维生素 B$_{12}$ 需要量极少，只要饮食正常，就不会缺乏。

缺乏症状

维生素 B$_{12}$ 缺乏时，会使叶酸变成不能利用的形式，导致叶酸缺乏症，引起有核巨红细胞性贫血（恶性贫血）。若出现食欲不振、消化不良、舌头发炎、失去味觉等症状，这就是身体对您缺乏维生素 B$_{12}$ 的一个小警告。

缺乏维生素 B$_{12}$ 是极其罕见的，临床发生在全素食者身上的机会略微大。如果是准备怀孕又是素食者，需要改善下自己的饮食结构后，再迎接宝宝的到来。

过量症状

注射过量的维生素 B$_{12}$ 可出现哮喘、荨麻疹、湿疹、面部浮肿、寒战等过敏反应，也可能引发神经兴奋、心前区疼痛和心悸。维生素 B$_{12}$ 摄入过多还可导致叶酸的缺乏。

维生素 B$_{12}$ 适宜摄入量（AI）

2.6微克 （供孕妈妈选购孕妇维生素补充剂时参考）。

生活中常见食物钙的含量

（每100克可食部含量）

松子（炒）161毫克

豆腐干（小香干）1019毫克

柠檬101毫克

芸豆（红）176毫克

馒头（富强粉）58毫克 虾皮991毫克

黑芝麻780毫

花生仁（炒）284毫 黑豆224毫克

白芝麻620毫

葡萄干52毫克

酸奶118毫克

山核桃133毫克

奶酪（干酪）799毫克

西兰花67毫克

小白菜48毫克

鲅鱼罐头598毫克

芹菜茎80毫克

鱿鱼（水浸）43毫

菠菜66毫克

小油菜153毫克

芹菜叶40毫克

孕中、晚期要特别关注的营养素

钙——国民集体"缺钙"为哪般

中国居民的饮食习惯直接导致中国90%的人处于终生钙饥饿状态。

中国营养学会推荐的孕妇和乳母的钙适宜摄入量为1000～1200毫克，而全国营养调查表明，每天膳食中人均摄入钙量仅为389毫克左右，跟推荐摄入量（RNI）相差611～811毫克。因此，准妈妈们需要认真关心下自己的"钙"到底摄入得够不够？

生理作用

1. 钙是牙齿和骨骼的主要成分，二者合计约占体内总钙量的99%。体内如果缺少钙可能出现骨质疏松现象。

2. 钙与镁、钾、钠等离子在血液中的浓度保持一定比例才能维持神经、肌肉的正常兴奋性。

3. 钙离子是血液保持一定凝固性的必要因子之一，也是体内许多重要酶的激活剂。

缺乏症状

孕妇缺钙通常表现为牙齿松动、四肢无力、腰酸背疼、头晕、贫血、妊娠期高血压。如果母体缺钙严重，可造成肌肉痉挛，引起小腿抽筋以及手足抽搐或手足麻木，还会导致孕妇骨质疏松，进而产生骨质软化症。

孕妇缺钙不仅会影响自身的健康，还会影响胎儿的发育，主要影响骨骼和牙齿发育，如身材矮小、骨骼发育异常、出牙迟、牙齿排列不整齐等。有的还会导致新生儿出生后易得先天性喉软骨软化病。当新生儿吸气时，会出现先天性的软骨卷曲，而且，新生儿还可能患上颅骨软化、方颅等。更重要的是，由于钙对新生儿的智力与神经系统发育起着十分重要的作用，所以缺钙会直接影响孩子将来的智力发育。同时，缺钙的新生儿免疫系统差，出生后会体弱多病。

孕早期别急于补钙

根据《中国居民膳食营养素参考摄入量》，孕妇在孕早期每天补充800毫克的钙质即可；随着胎儿成长，孕中期增加为1000毫克。奶制品中含钙量最为丰富，500毫升牛奶中含400毫克的钙质，其他食物，比如虾皮、蔬菜、牛肉、豆制品、紫菜、海产品中都含有丰富的钙质，在一日三餐饮食结构合理的情况下，每天饮用250～500毫升的牛奶或酸奶，孕早期就不需要额外服用钙片来进行补钙。

孕妇不同的阶段需要补充多少钙

孕早期（0～12周）每天800毫克。

孕中期（13～27周）每天1000毫克。

孕晚期（28周～分娩）每天1200毫克。

关于补钙的几个误区

误区一：骨头汤补钙

用1千克肉骨头煮汤2小时，汤中的含钙量仅20毫克左右，因此，用肉骨头汤补钙是远远不能满足需要的。另外，肉骨头汤中脂肪量很高，喝汤的同时也摄入了脂肪，孕妈咪可不要将此作为唯一的补钙方式。

误区二：吃蔬菜不补钙

蔬菜也是钙质良好的来源之一，如油菜、小白菜、芹菜、芥蓝等。同时蔬菜中含有的钾、镁元素，可以帮助维持体内酸碱平衡，减少钙的流失。

误区三：补钙越多越好

如果孕妈咪过度补钙，会使钙质沉淀在胎盘血管壁中，引起胎盘老化、钙化，分泌的羊水减少，胎宝宝头颅过硬。这样一来，宝宝无法得到母体提供的充分营养和氧气，过硬的头颅也会使产程延长，宝宝健康受到威胁。因此补钙要科学，千万不要盲目过量补钙。市场上常见的孕妇复合维生素中含有一定钙质（通常含量在 170 ~ 250 毫克），大家买到手后一定要仔细看下产品成分表，根据含量来调整自己的孕期餐桌。

误区四：补钙不晒太阳

维生素 D 可以有效促进人体对钙质吸收利用。准妈妈需要每天坚持 1 ~ 2 小时的户外活动，进行阳光浴，就可以获得充足的维生素 D。此外，蛋黄、奶类制品也富含维生素 D。

影响钙质吸收的克星

人体内的钙会随着年龄的不断增长而流失，这是正常的生理现象。除此之外，一些不当的饮食和生活习惯，也会加速钙的流失。

1. 磷摄入过量导致钙流失　正常情况下，人体内的钙：磷是 2:1。如果血液中磷含量过高，为了维持钙和磷离子总量的恒定，血液中的钙含量就必须减低，同时钙的吸收也会变差，导致体内钙大量流失。常见富含磷的食物有可乐、咖啡、汉堡、碳酸饮料、批萨饼、炸薯条等，准备怀孕和已孕的准妈妈应该少吃以上食物。

2. 钠摄入过量导致钙质流失　人体每排泄 1 克钠，同时耗损 26 毫克的钙，人体排出的钠越多，钙的消耗就越大。根据《中国居民膳食指南》建议，中国人每天摄取盐不超过 6 克，但实际上大部分国人尤其是北方人，食盐摄入量都超出这个量，这就会间接导致钙的缺乏，为此准妈妈要控制烹调的食盐量，此外还要少吃腌制食品，比如香肠、咸鸭蛋等。如果把握不好 6 克食盐是多少量，可以用矿泉水瓶子的小盖子来做计量单位，装满一瓶盖食盐即可达到 6 克标准。

3. 动物蛋白质摄入过量导致钙质流失　动物蛋白摄入量越多，钙质排出体外的机会就相对增加。通常情况下避免天天大鱼大肉，就可以避免蛋白质摄入过量。

4. 补充鱼肝油不要过量

鱼肝油含有丰富的维生素 A 和维生素 D，缺乏人群适当吃些是可以的，不建议长期大剂量服用，以免摄入过量的维生素 A 和维生素 D（因维生素 D 摄入过量会增加钙的吸收）。

因此不缺乏的准妈妈不建议补充鱼肝油。

5. 草酸会影响钙质的吸收 富含草酸的蔬菜有菠菜、空心菜、甜菜、韭菜、苋菜等，每 100 克的菠菜中含有草酸 606 毫克，草酸对人体并没有任何益处，还能影响钙质的吸收，但不能因此而减少吃蔬菜，最佳办法就是烹饪前把富含草酸的食物在沸水中焯一下，然后再烹调，这样就不会影响钙质的吸收了。

钙剂选择

通常，孕妇会补充一些钙剂，那么如何选择呢？

1. 有机钙的溶解度高，如葡萄糖酸钙、乳酸钙、柠檬酸钙、醋酸钙、果糖酸钙等，易吸收，对胃肠刺激性小。无机钙的溶解度较低，对胃肠刺激较大，如碳酸钙、磷酸钙、氧化钙等。

2. 选择补钙剂时，应了解钙剂的含钙量。一般有机钙的钙含量低，无机钙的钙含量高。

3. 选择适合自己的钙剂。

其他食物中钙的含量（每 100 克可食部含量）

食物名称	钙含量（毫克）	食物名称	钙含量（毫克）
湿海带	241	口蘑	169
水发木耳	34	无花果	67
樱桃	59	鲜枣	23
库尔勒梨	22	橙	20
草莓	18	菠萝	12
鸡心	54	牛肚	40
鸡爪	36	猪蹄（热）	32
牛乳	104	鲜羊乳	82
鸭蛋	62	鹅蛋	34
炼乳	242	石螺	2458
田螺	1030	扇贝	142
鲈鱼	138	河蟹	126
基围虾	83	小黄花鱼	78
花蛤蜊	59	带鱼	28
河虾	325	泥鳅	299
鲍鱼	266	海蟹	208
海蜇皮	150		

生活中常见食物锌含量
（每100克可食部含量）

毛豆1.73毫克　　　紫红糯米2.16毫克

黑米3.8毫克

黑豆4.18毫克

黄豆3.34毫克

杏仁4.3毫克

蘑菇（干）6.29毫克

山核桃（熟）12.59毫克

松子（生）9.02毫克

猪肝5.78毫

鸭肝6.91毫

鸡肝3.46毫

奶酪6.97毫克

鸭蛋黄3.09毫克　　　蛏子干13.63毫

锌 ——维持人体正常食欲、维持男性正常的生精功能

生理作用

锌能维持人体正常食欲，调节影响大脑生理功能的各种酶及受体，维持男性正常的生精功能，促进人体的生长发育，增强人体免疫力。锌在各种哺乳动物脑的生理调节中起着非常重要的作用，在多种酶及受体功能调节中不可缺少，还会影响到神经系统的结构和功能，与强迫症等精神障碍的发生、发展具有一定的联系。另外，锌与 DNA 和 RNA、蛋白质的生物合成密切相关。

缺乏症状

当人体内锌缺乏时，可能导致各种不良影响，如情绪不稳、多疑、抑郁、情感稳定性下降和认知损害。而孕妇缺锌可有如下表现：

1. 妊娠反应加重，如嗜酸，呕吐加重。

2. 宫内胎儿发育迟缓，导致早产儿、低体重儿。

3. 分娩合并症增多：产程延长、流产、早产、胎儿畸形率增高，脑部中枢神经系统畸形。

锌的推荐摄入量（RNI）

孕早期 11.5 毫克。

孕中晚期 16.5 毫克。

其他食物中锌的含量（每 100 克可食部含量）

食物名称	锌含量（毫克）	食物名称	锌含量（毫克）
桃	0.34	腰果	4.3
榛子	5.83	松花蛋	2.73
赤贝	11.58	扇贝	11.69
螺蛳	10.27	牛乳粉	3.71
奶片	3	全脂牛奶粉	3.14
全脂速溶奶粉	2.16	蚕豆	1.37
辣椒	8.21	马铃薯粉	1.22
魔芋粉	2.05	粉条	0.83

生活中常见食物维生素C含量
（每100克可食部含量）

马铃薯27毫克　　　枣（鲜）243毫克

甘薯（红心）26毫克

猪肝20毫克

花生14毫克

鸭肝18毫克

油菜124毫克

牛肝9毫克

山楂53毫克

蘑菇（干）5毫克

猕猴桃　　62毫克

辣椒（红小）144毫克

玉米（鲜）16毫克

维生素 C ——重要的"抗氧化剂" 维持体内免疫功能

生理作用

维生素 C 能促进骨胶原的生物合成，利于组织创伤口的更快愈合；促进氨基酸中酪氨酸和色氨酸的代谢，延长机体寿命；改善铁、钙和叶酸的利用；改善脂肪和类脂特别是胆固醇的代谢，预防心血管病；促进牙齿和骨骼的生长，防止牙床出血；增强机体对外界环境的抗应激能力和免疫力。

缺乏症状

缺乏维生素 C 的时候，组织的胶原质会变得不稳定而无法正常发挥功能，长期维生素 C 缺乏引起的营养缺乏称维生素 C 缺乏病，又称坏血病。临床上典型的表现为皮肤出现红色斑点，海绵状的牙龈，黏膜出血。皮肤的斑点分布以腿部最多。大规模的维生素 C 缺乏病已少见，但在婴幼儿和老年人中仍有发生。成年人中该病较少见，但限制饮食或长期不吃果蔬者，常会导致维生素 C 缺乏病。由于人体无法储存维生素 C，所以如果没有摄取新鲜的补给品将会很快的耗尽。

维生素 C 的推荐摄入量（RNI）

孕早期 100 毫克。

孕中、晚期 130 毫克。

乳母 130 毫克。

其他食物中维生素 C 的含量（每 100 克可食部含量）

食物名称	维生素C含量（毫克）	食物名称	维生素C含量（毫克）
豌豆苗	67	栗子（熟）	36
猪肾	13	酸奶	5
平菇	4	全脂牛奶粉	4
蚕豆	2	酸枣	900

生活中常见食物维生素A含量

（每100克可食部含量）

猪肝（卤煮）4200微克

牛肝20220微克

西兰花1202微克 羊肝20972微克

甘薯（红心）125微克

小米17微克

青豆132微克

紫菜（干）228微克

哈密瓜153微

红豆72微克

胡萝卜688微克

芒果150微克

维生素 A——维持视觉功能的"视力宝"，但并非多多益善

生理作用

维生素 A 有维持正常视觉功能、维持上皮细胞正常状态、促进骨骼正常发育、维持正常免疫功能、抗氧化、促进生长与生殖作用。

缺乏症状

维生素 A 缺乏时，可致夜盲症，继之全身上皮组织角质变性及继发感染，以婴幼儿多见。

过量的危害

当维生素 A 使用剂量超过"推荐摄入量"的 10 倍时，慢性中毒就易发生，孕早期如果每天过量摄取维生素 A 可导致新生儿有肾和中枢神经系统畸形。

日常饮食可以保证维生素 A 的需求量，在不严重缺乏的情况下，不需要额外补充。孕妇应少吃动物肝脏（猪肝、羊肝、鸡肝、鸭肝）。众所周知，在养殖过程中使用现代饲料、添加剂、激素进行催肥致使这些物质蓄积在动物肝脏中，100 克猪肝就含有 4200 微克的维生素 A，已经远远超出推荐摄入量 900 微克。出于安全考虑，我不提倡大家多吃动物肝脏，普通人群同样值得注意，如果实在想吃肝脏类，每天 15 克的动物肝脏不会造成维生素 A 过量之害，还可以提高铁的供应。

维生素 A 推荐摄入量（RNI）

孕早期 800 微克。

孕中、晚期 900 微克。

其他食物中维生素 A 的含量（每 100 克可食部含量）

食物名称	维生素 A 含量（微克）	食物名称	维生素 A 含量（微克）
菠菜	487	芹菜叶	488
豌豆苗	445	黄花菜	307
小白菜	280	空心菜	253
韭菜	235	蕨菜	183
南瓜	148	小葱	140
油菜	103	青蒜	98
西红柿	92	荷兰豆	80
油麦菜	60	水萝卜	42
黄瓜	15	黄豆	37
木瓜	145	杏	75
柿饼	48	鲜枣	40
李子	25	酸奶	26
鲜羊乳	84		

小贴士：维生素 A 与脂类和酸性食物一起搭配，有利于吸收和利用，如肉类与蔬菜搭配。海产品与蔬菜搭配也有促进维生素 A 吸收的作用。

维生素 D——组成和维持骨骼的强壮

生理作用

维生素 D 对肌肉骨骼健康至关重要，因为它促进肠道钙吸收，使新形成的骨样组织矿化，并在肌肉功能中起重要作用。

缺乏症状

当缺乏维生素 D 时，钙磷代谢紊乱，使骨内钙质移入血中，致使骨质疏松，骨骼变形，产生异常症状。早期的时候表现为腰腿部疼痛，时好时坏，时轻时重，症状逐渐加重以至于不能行走。严重时骨骼脱钙，骨质疏松（特别是盆骨、胸骨和四肢骨骼），下肢弯曲，甚至可能会发生自发性骨折，骨盆发生特异性变形，骶骨突出，进口处狭窄且不对称，在女性可以引起孕妇难产。

如何预防缺乏维生素 D

人体维生素 D 来源包括阳光照射皮肤合成、食物和补充添加剂。在通常情况下，皮肤受 B 族紫外线（波长 290 ~ 315nm）照射合成维生素 D 是最主要来源（占 80% ~ 90% 或更多）。缺乏户外活动、防晒霜或服装等遮盖阳光接触是影响皮肤维生素 D 合成的重要因素。

如何评估维生素 D 状态

血清 250HD < 30nmol/L（2.5nmol/L=1ng/mL）为维生素 D 缺乏；血清 250HD 30 ~ 49.9nmol/L，为维生素 D 不足；血清 250HD ≥ 50nmol/L，为维生素 D 足够。

维生素 D 推荐摄入量

孕早期 5 微克。孕中期 10 微克。孕晚期 10 微克。

小贴士：由于《中国食物成分表》中没有列出食物中维生素 D 的含量，所以，我不能提供给大家，一旦有这方面的权威资料发表，我会第一时间在新浪微博公布体现出来。

生活中常见食物维生素E含量

（每100克可食部含量）

玉米（白、干）8.23毫克

羊肝29.93毫克

石榴4.91毫克

甜椒6.05毫克

山核桃（干）65.55毫克

马铃薯0.34毫克

松子（生）34.48毫克

木耳（干）11.34毫〔

辣椒（红、尖、干）8.76毫克

维生素 E ——育龄人群的"生育酚"

生理作用

维生素 E 能促进生殖。它能促进性激素分泌，使男子精子活力和数量增加；使女子雌激素浓度增高，提高生育能力，预防流产。在临床上常用维生素 E 治疗先兆流产和习惯性流产。另外对防治男性不育症也有一定帮助。

缺乏症状

缺乏维生素 E，会有躁动不安、水肿、性能力低下、头发分叉、色斑，还会形成瘢痕、会使牙齿发黄；引起男性性功能低下、前列腺肥大、不育症等。

过量危害

1. 维生素 E 具有抗凝活性，长期大剂量摄入增加出血性卒中的风险。

2. 摄入大剂量维生素 E 可妨碍其他脂溶性维生素的吸收和功能。

需要补充维生素 E 的人群

心血管病、帕金森病患者；服用避孕药、阿司匹林、酒精、激素的人。

维生素 E 虽好，但若长期大剂量服用会增加出血性卒中发生的危险，还妨碍其他脂溶性维生素的吸收和功能。维生素 E 属于脂溶性维生素，排泄较慢，过量会引起累积性中毒。一般情况下只要保持合理饮食结构，适量吃些水果和蔬菜，就能满足身体对维生素 E 的需求，不用特意补充，在备孕期间男性可以适当服用维生素 E。

维生素 E 的适宜摄入量（AI）

孕期任何阶段 14毫克。

其他食物中维生素 E 的含量（每 100 克可食部含量）

食物名称	维生素 E 含量（毫克）	食物名称	维生素 E 含量（毫克）
猪肉松	10.02	炸鸡	6.44
鸡肉松	14.58	鸡（家养）	2.02
奶油	2.19	鳟鱼	3.55
口蘑	8.57	南瓜粉	26.61
炸素虾	50.79	豆干尖	37.58
油豆腐	24.7		

小贴士：如果条件允许，每天吃 50 克干果即可，不可过多，因为坚果中脂肪含量较高，不建议大量摄入。

其他营养素

泛酸 ——来源广泛，缺乏的问题无须多虑

生理作用

"泛酸"又称为维生素 B_5。维生素 B_5 具有制造抗体的功能，在维护头发、皮肤及血液健康方面亦扮演着重要角色。

缺乏症状

几乎所有的食物都含有泛酸，缺乏的问题一般无需多虑。但严重缺乏者可致低血糖，疲倦，忧郁，失眠，食欲不振，消化不良，易患十二指肠溃疡。

特殊群体需要补充

被过敏症困扰者、关节炎患者、服用抗生素者和服用避孕药的妇女应注意补充泛酸。

泛酸来源

牛奶、豆浆含泛酸较多。多食用畜肉、禽肉、未精制的谷类制品、动物肾脏与心脏、绿叶蔬菜等。

泛酸的适宜摄入量（AI）

孕期任何阶段 6.0 毫克（供孕妈妈选购孕妇维生素参考）。

烟酸——缺乏易引起 "失眠" "疲劳乏力"

生理作用

烟酸又称维生素 B_3，或维生素PP，有较强的扩张周围血管作用，临床用于治疗头痛、偏头痛、耳鸣、内耳眩晕症等。

烟酸除了直接从食物中摄取外，也可以在体内由色氨酸转化而来。

缺乏症状

一般膳食中并不缺乏，只有以玉米为主食的地区易发生烟酸缺乏，主要因为玉米中的烟酸为结合型，不被吸收利用，且玉米中色氨酸少，不能满足人体合成烟酸的需要。某些胃肠道疾患和长期发热等使烟酸的吸收不良或消耗增多，均可诱发烟酸缺乏。

烟酸缺乏时，可致糙皮病，表现为皮炎、舌炎、腹泻及烦躁、失眠等。

烟酸来源

烟酸广泛存在于食物中，在肝、肾、瘦畜肉、鱼以及坚果类中含量丰富。谷物中的烟酸80%～90%存在于种皮中，故加工影响大。

烟酸的推荐摄入量（RNI）

15毫克（供孕妈妈选购孕妇维生素参考）。

生物素 ——增强机体免疫反应和抵抗力

生理作用

生物素又名维生素H，生物素是人体内多种酶的辅酶，参与体内的脂肪酸和糖类的代谢；促进蛋白质的合成；还参与维生素B_{12}、叶酸、泛酸的代谢；促进尿素合成与排泄。增强机体的免疫反应和感染的抵抗力，稳定正常组织的溶酶体膜，维持机体的体液免疫、细胞免疫并影响一系列细胞因子的分泌。

缺乏症状

缺乏生物素使人头皮屑增多，容易掉发；引起肤色暗沉、面色发青、皮肤炎；易致忧郁、失眠等神经症状；还会令人易疲倦、乏力、肌肉疼痛。

过量危害

生物素（维生素H）的毒性很低，科学研究中使用大剂量的生物素治疗脂溢性皮炎未发现蛋白代谢异常或遗传错误及其他代谢异常。动物实验至今尚未见生物素（维生素H）毒性反应的报道。

生物素来源

生物素主要来源于糙米、小麦、草莓、柚子、葡萄、啤酒、肝脏、蛋、瘦肉、乳品等食物。

生物素的适宜摄入量（AI）

孕期任何阶段30微克（供孕妈妈选购孕妇维生素参考）。

生活中常见食物磷含量

（每100克可食部含量）

猪肉（瘦）185毫克

黑豆500毫克

冬菇（干）469毫克

鲮鱼（罐头）750毫克

毛豆188毫克

胡萝卜（脱水）118毫克

桂圆（干）206毫克

辣椒（红、尖、干）298毫克

猪肝310毫克

黄豆465毫

白菜（脱水）485毫克

鲅鱼370毫克

磷 ——促成骨骼和牙齿的钙化不可缺少的营养素

生理作用

磷和钙都是骨骼牙齿的重要构成材料，促成骨骼和牙齿的钙化不可缺少的营养素。有些婴儿因为缺少钙和磷，常发生软骨病或佝偻病。骨骼和牙齿的主要成分叫做磷灰石，它就是由磷和钙组成的。

缺乏症状

食物中有很丰富的磷，故磷缺乏是少见的，磷摄入或吸收得不足可以出现低磷血症，引起红细胞、白细胞、血小板的异常，软骨病；因疾病或过多地摄入磷，将导致高磷血症，使血液中血钙降低导致骨质疏松。

磷的适宜摄入量（AI）

孕期任何阶段 700 毫克。

其他食物中磷的含量（每100克可食部含量）

食物名称	磷含量（毫克）	食物名称	磷含量（毫克）
南瓜子仁	1159	西瓜子	868
葵花子仁	604	丁香鱼（干）	914
蚕豆	200		

生活中常见食物镁含量

（每100克可食部含量）

洋葱132毫克

黑豆243毫克

虾皮265毫克

黑米147毫克

甜椒145毫克

黄豆199毫克

海米236毫克

海棠21毫克

咸鸭蛋30毫克

松子（生）567毫克

青豆128毫克

镁 ——调节心脏、心肌的活动

生理作用

镁是构成骨骼的主要成分，是人体不可缺少的矿物质元素之一。它能辅助钙和钾的吸收。它具有预防心脏病、糖尿病、夜尿症、降低胆固醇的作用。

缺乏症状

镁缺乏可致血清钙下降，神经肌肉兴奋性亢进；对血管功能可能有潜在的影响；镁对骨矿物质的内稳态有重要作用，镁缺乏是导致中老年人绝经后骨质疏松症的一种危险因素。

镁的适宜摄入量（AI）

孕期任何阶段400毫克。

其他食物中镁的含量（每100克可食部含量）

食物名称	镁含量（毫克）	食物名称	镁含量（毫克）
丁香鱼（干）	319	山核桃（干）	306
全蛋粉	46	鸡蛋黄	41
火鸡腿	49	鸡	40
沙鸡	51	牛肉干	107
猪头皮	56	猪肉松	55
黑枣	46	蕈菜	1257
地衣	275	口蘑	167
荞麦	258	甘薯片	102
甘薯粉	102	魔芋粉	66

生活中常见食物钾含量

（每100克可食部含量）

胡萝卜（脱水）1117毫克

猪肉（里脊）317毫克

鲮鱼（罐头）480毫克

黄豆1503毫克

蘑菇（干）1225毫克

莲子（干）846毫克

黑米256毫克

桂圆（干）1348毫克

松子（炒）612毫克

杏仁746毫克

葡萄干 995毫克

甜椒1443毫克

钾 ——有明显的降血压作用

生理作用

钾可以调节细胞内适宜的渗透压和体液的酸碱平衡,参与细胞内糖和蛋白质的代谢。有助于维持神经健康、心律正常,可以预防中风,并协助肌肉正常收缩。在摄入高钠而导致高血压时,钾具有降血压作用。

缺乏症状

人体钾缺乏可引起心律失常、心电图异常、肌肉无力和烦躁,最后导致心跳停止。一般而言,身体健康的人,会自动将多余的钾排出体外。但肾病患者则要特别留意,避免摄取过量的钾。

钾的适宜摄入量(AI)

孕期任何阶段 2500 毫克。

其他食物中钾的含量(每 100 克可食部含量)

食物名称	钾含量(毫克)	食物名称	钾含量(毫克)
火鸡腿	708	鸡胸	338
乌骨鸡	323	鳟鱼	688
丁香鱼(干)	664	牛乳粉	1910
奶油	1064	全脂加糖奶粉	841
香肠	453	绿豆面	1055
蚕豆	1117	马铃薯粉	1075

锰、铜、铬、硒、钼、碘无安全摄入标准

我国现在膳食条件下尚未发现铜、铬、锰、钼等元素缺乏的现象，如果没有严重缺乏此类微量元素无需额外补充，例如锰的含量：甜橙、柠檬每个100克可食部含量是0.05毫克

生活中常见食物锰成分表
（每100克可食部含量）

猪肉肉馅0.03毫克

海虾0.12毫克

韭菜0.43毫克

面粉1.56毫克

麦片、牛角面包以及饼干类食物中

都无一例外地含有锰元素

新手厨娘小课堂

原汁原味灼出来

在中华饮食烹饪方法中，"灼"最能体现食材本来味道和状态。"生灼""白灼"原本是粤菜烹饪手法，因为营养价值保留较好又去除了草酸，深受百姓的喜爱。

将原料放入沸腾的水中烫到刚熟，捞出放入凉水，沥干水分后，装盘一一放入调味料一起上桌，或者原材料熟后，另外起锅烧热油，下入熟材料，烹入料酒炒匀后起锅。适用于植物性食材，例如：白灼芥蓝、白灼菜心。

上浆方法、挂糊妙招

上浆方法:

虾仁、鲜贝、鱼片等含水分较多的原料,上浆后需要冷藏1小时,这样操作有利于盐分的渗入和水分的吸收。

用蛋清和淀粉混合上浆时,要适量、适中,用量过多或者过少都起不到作用,上浆过程中用手不断抓匀,先轻后重。上浆难度较大的食材(鲜虾仁)抓拌的时间需要长一些。

新手基础烹调手法之炒

1. **生炒**：即把鲜嫩的食材提前切好准备，旺火翻炒，然后直接加入其他调味料，不需勾芡。例如农家小炒肉：①五花肉切成薄片，红辣椒切小丁。②炒锅中加2汤匙油，大火加热到六成热。③取适量的葱末、姜末、蒜片和豆豉下锅炒香，最后放入猪肉片翻炒。④将炒熟的猪肉片盛出。⑤锅底留有少许油，煸炒红辣椒和尖椒片（绿色青椒），待尖椒片变得发软后将肉片放回锅内，加白胡椒粉、酱油、盐、白砂糖调味即可出锅。

2. **熟炒**：所有原材料通过加热处理成半熟或者全熟后，下锅炒制。

3. **滑炒**：滑炒通常用于肉类，将原材料，切成小形状（或切花刀），采用腌制、上浆、滑油的方法处理，过油后需要用芡汁增稠。

水发各种食材技巧

现代家庭中干制品的水发通常分为冷水发、热水发和蒸汽发3种。

1. **冷水发**：适合银耳、木耳、粉丝、粉条等食材。水温20℃左右，自然吸收水分，慢慢回软膨胀。

2. **热水发**：适合笋衣、笋干、香菇等食材。水温控制在50℃～80℃，此办法适合于组织紧密，吸水能力较差的干制品。

3. **蒸汽发**：适合海带、海米、干贝等食材。

老汤做卤味

酱牛肉老汤

中药包：老姜、大料、豆蔻、草果、荜茇、陈皮、香叶、小茴香、花椒等适量。用料理机将中药包打成粉末（这样更加容易入味）。选购牛肉食材最佳为"牛腱子"部位，也可根据自己的喜好购买。

秘方：

（1）锅汤熬制后放凉，用容器盛出一瓶，放在冰箱里冷冻，就形成了"老汤"。下次熬制时，把老汤拿出化开使用，酱完一锅牛肉后，继续留存一瓶作老汤（用容器盛好放冰箱冷冻，留做下次使用）。

（2）做酱牛肉时一定让汤汁覆盖高于牛肉。

（3）做酱牛肉（卤牛腱）需要沸水氽汤去血水（打去沫子），然后加入中药包。

（4）加入少许老抽上色，中火20分钟后改小火30分钟。

（5）当卤好的牛肉明显缩水一半时（体积减少50%）即可品尝。

哪种烹调方式最能保留营养

无论是煎、炒，还是煮、蒸、油炸，控制温度最关键，例如油炸食品的时候，超过200℃，甚至300℃高温，很多有害致癌物质就会产生。

蒸能够最大限度地保留食物营养。蒸汽一般只有100℃左右，基本不会额外产生有害物质，并且几乎能够保留食材中的全部营养成分。

烤箱烤制食品，因为其温度可以控制，此种烹饪方式好处远远大于"明火碳烤"和"高温油炸"。

路边摊的"碳烤肉串"，一股浓烟冒出来，会产生大量的像苯并芘这样的致癌物，在周围的人都会吸到致癌气体，对肺有很不利的影响。

油炸食品不仅含油量高、热量高，有肥胖的风险，而且油温也会较高，产生致癌物。如果油反复使用，里面的有害物更多，还包括反式脂肪酸也会在其中产生，极其不利于健康。

早餐

西式早餐

泡芙配牛奶

食材：低筋面粉 80 克，鸡蛋 100 克，水 140 克，黄油 60 克，白砂糖 30 克，淡奶油 100 克。

做法：

（1）将水、黄油和白砂糖煮开；加入过筛的低筋面粉，快速拌匀，至面粉全部烫熟。

（2）稍凉，依次加入全蛋液拌匀；装入布袋，套上锯齿裱花嘴，挤入烤盘。

（3）烤箱预热 220℃，烤制 10 分钟，膨胀和上色后转 180℃烤 15 分钟即可。

营养师佳凝叮咛

（1）将混合好的泡芙面糊挤出后，可以用手沾水轻轻整形。

（2）入烤箱前在泡芙表面洒点水，泡芙口感更酥。

（3）泡芙面糊软硬适当，以挂在搅拌器上呈现倒三角形，不滴落为标准。

（4）烤制泡芙要一气呵成，绝对不可以在中途打开烤箱门，否则泡芙会塌陷。

（5）泡芙在大型西点屋均可以购买到，不过由于主要成分是黄油、白砂糖、奶油，不推荐长期食用，偶尔馋嘴的时候可以作为早餐。

（6）早餐泡芙最佳搭配伙伴是鲜牛奶或 蒜蓉炒西兰花。

牛奶吐司

食材：

鸡蛋1个，火龙果1个，猕猴桃1个，吐司1～2片，柠檬水500毫升，牛奶250毫升，时令蔬菜（西兰花、樱桃、小萝卜）适量。

做法：

（1）鸡蛋煎熟，放吐司片上或夹在两片之中，放碟中。再放入西兰花或樱桃点缀。

（2）火龙果洗净，对半切开，装盘。

（3）柠檬水、牛奶分别倒入杯中。

营养师佳凝叮咛

准备此套早餐，通常只需要5分钟，套餐内含有牛奶、柠檬水，还有改善便秘的猕猴桃、火龙果，特别适合孕中、晚期便秘的孕妈们。

奶酪配面包（蛋糕）

西式早餐中，奶酪配面包（蛋糕）适合快生活节奏的上班族孕妈们，偶尔更换下口味，可以搭配些写干果、猕猴桃、煎蛋等。

营养师佳凝叮咛

奶酪又称"干酪"或"芝士"，是通过乳酸菌发酵使牛奶蛋白质凝固，通常 500 克的牛奶才能制作成 50 克的奶酪，奶酪中含有丰富的蛋白质、钙、维生素 A、B 族维生素，奶酪经过加工后，排除了乳清和乳糖，适合"乳糖不耐受者"。

南瓜奶油汤

食材： 南瓜 500 克，鲜奶油 50 克，盐 3 克，胡椒粉、鸡精各适量，西芹 100 克。

做法：

（1）将南瓜洗净，去皮去子，切块备用（块切得越小，越容易蒸熟）；然后把南瓜块上锅蒸 30 分钟，取出放在碗里晾至常温后，捣成南瓜泥。

（2）西芹洗净，榨成菜汁，留少许菜叶切碎备用；把南瓜泥放入锅中，加入新榨的芹菜汁、鲜奶油、适量水，搅拌均匀。

（3）锅放火上，边煮边搅约 5 分钟，加盐、胡椒粉、鸡精，即可出锅。

（4）为了视觉好看，最后可在南瓜奶油汤上撒些芹菜叶碎末。

营养师佳凝叮咛

（1）南瓜奶油汤最佳搭配伙伴是"法棍"，法棍可以在大型面包房购买。

（2）芹菜生吃会感觉有咸味，所以用芹菜做菜肴时，要注意尽量不放或者少放盐。

（3）芹菜叶中所含的营养比芹菜茎还要多，不要丢弃浪费。

（4）芹菜具有降血压的功效，南瓜是一种高纤维、低热量的食品。此汤不仅低脂，而且富含粗纤维，可以清脂、养颜，健康又美味。

香脆培根三明治

食材：白吐司4片，培根4片，芝士2片，生菜适量，番茄片3片，橄榄油（或黄油）适量。

做法：

（1）头天晚上，把生菜洗干净晾干水分，装进保鲜袋里扎紧放冰箱冷藏保存备用。

（2）先烧热锅，倒几滴橄榄油（或黄油），用铲子把它扒拉均匀一点，放上吐司煎到一面金黄时取出，再煎剩下的几片。

（3）接下来把4片培根也煎一下，煎到表面起皱，有微微的焦色时就可以了，煎好的培根用吸油纸把多余的油吸掉。

（4）吐司煎过的一面朝下，接着放上生菜，两片培根，1片芝士，再盖上另一片吐司，煎过的一面朝上，一个三明治就做好的。用剩下的材料把另一个三明治也做好。

营养师佳凝叮咛

（1）做三明治的吐司建议选白吐司（通常在大型超市可以买到），它味道朴实，能和任何食材搭配做三明治。

（2）煎吐司的时候最好选择平底锅，因为吐司吸油很多，黄油煎出来的吐司更香一些，如果担心热量太高，建议选择更健康一些的橄榄油。如果不喜欢加黄油可以改用多士炉烤吐司片。

（3）煎吐司的时候，火不要大，转到中小火，煎到金黄时就可以出锅了。

（4）除了生菜以外，也可以再准备一些番茄、黄瓜切成片夹进吐司里。

自制鸡蛋三明治

食材： 吐司 4 片、鸡蛋 2 个，蛋黄沙拉酱 2 汤匙（一汤匙为 15 毫升容量），黑胡椒碎 1/2 茶匙（一茶匙为 5 毫升容量），盐一小撮。

做法：

（1）煮熟的鸡蛋去壳后，放碗里用叉子捣碎。

（2）将所有调料与鸡蛋碎拌匀。

（3）均匀地涂抹在吐司上，盖上第二片吐司稍压实。

（4）切去吐司的四条边，将吐司切为 4 份即可（此分量可以做两个整块的鸡蛋三明治，切成 4 份后，共 8 份）。

营养师佳凝叮咛

三明治、汉堡包、沙拉、冷盘等，烹调后要尽早吃完，稍有控制不严，就很容易给致病菌留下污染和繁殖的机会。

（1）吃的时候挤上一些番茄沙司，味道更可口。

（2）盐要少放些，色拉酱里已经含有盐了。

（3）如果使用这种模具制作，内馅不要放太多，会把面包撑裂。

（4）吃的时候最好再配上牛奶和水果，那么营养就更加均衡了。

欧克核桃面包 + 阿玛芝士

材料配方：

高筋面粉 450 克，低筋面粉 50 克，老面团 100 克，白砂糖 50 克， 盐 6 克，干酵母 5 克，奶粉 15 克， 烫种 40 克，水 300 克，黄油 50 克， 核桃仁 150 克，蔓越莓干 350 克。

欧克皮：

高筋面粉 200 克，低筋面粉 150 克，泡打粉 3 克，盐 4 克，水 180 克，黄油 18 克。

做法：

(1) 将欧克皮材料一起搅拌，至面团表面光滑、有弹性即可，分割成 70 克 1 个，松弛备用。

(2) 将干性和湿性材料一起搅拌，至光滑有弹性，加入黄油搅拌，至拉开面膜，加入坚果类。

(3) 面团搅拌完成，室温 30℃发酵 40 分钟。

(4) 将面团分割成 150 克 1 个，滚圆，松弛 20 分钟。

(5) 将面团擀开，将欧克皮擀开，将面团放入。

(6) 将面团对折包入，以温度 30℃，湿度 75% 发酵 50 分钟。

(7) 发酵好表面划上刀口，放入烤箱，以上火 180℃，下火 180℃烘烤 20 分钟左右。

营养师佳凝叮咛

鲜牛奶搭配欧克核桃面包，选购鲜奶首选"巴氏杀菌牛奶"，因为巴氏杀菌温度不超过 100℃，营养成分保留较多，而且饮用方便。

选择欧克核桃面包，其糖类和坚果类（核桃）是充足了，如果能搭配一些新鲜蔬菜就更加合理。

孕期补充坚果并非多多益善，因为多数坚果含有大量脂肪，核桃的脂肪含量在 60%，孕期每天食用坚果 10 ~ 20 克比较适宜。

什果麦片粥

食材：快熟麦片 50 克，葡萄干 5～10 克，猕猴桃 2～3 片，橙子 20 克，草莓 20 克，牛奶 250 毫升。

做法：

（1）葡萄干浸泡清洗干净后，沥干水分；猕猴桃、橙子、草莓切成小块。

（2）奶锅中加入 500 毫升清水，大火煮开后放入麦片和葡萄干，继续煮 3 分钟，其间不断搅拌。关火后待麦片粥稍凉，倒入牛奶。

（3）将煮好的麦片盛入碗中，撒上切好的水果颗粒即可。

营养师佳凝叮咛

购买麦片前，通过看产品的成分表来进行辨别，选择"纯麦片"最佳，而市场上好多"早餐麦片"为了迎合消费者的味觉，而添加了一定的油脂和糖精。

中式早餐

红枣补血养颜粥

食材： 黑米 30 克，糯米 30 克，大米 20 克，红豆 50 克，红皮花生 50 克，红枣 8 颗，红糖 20 克。

做法：

（1）除红糖、红枣外所有材料混合，清洗 2～3 次。

（2）材料中加入适量清水浸泡，放冰箱里冷藏过夜。

（3）第二天煮的时候，连同泡材料的水，一同倒入锅内，大火烧开，转小火，盖上盖（留条缝）煮 30～40 分钟。

（4）加入红枣继续煮 20 分钟，红糖在最后加进去，搅拌至融化后关火即可。

营养师佳凝叮咛

（1）如果购买的是普通红枣，需要将红枣洗后再下锅。

（2）将食材提前浸泡后再煮，会更容易软烂，建议所有食材浸泡时间最少也别低于 2 小时，浸泡食材的水也有营养，可以和食材一起煮。

（3）大火烧开后调小火，锅盖别盖严实了，留个缝，这样才不会溢锅（如果觉得需要人看守煮粥，可以选用有定时功能的压力电饭煲）。

（4）如果喜欢吃更软烂的红枣，可以在刚开始的时候与其他食材一同下锅。

（5）红糖的量，可以根据自己的口味调整，喜欢甜一些的可以多放点。

雪梨银耳羹

食材： 雪梨1个（切块），1头银耳（发泡好），莲子5～6颗，红枣4～5颗，枸杞子6颗，冰糖4粒。

做法：

（1）提前一夜用温水将银耳发泡；大枣、莲子、枸杞子用清水浸泡2小时。

（2）将所有的食材放进锅里（雪梨除外）煲30分钟后，开锅加入雪梨煮8分钟，出锅前加冰糖（选择有定时功能的电饭煲或者电炖盅最佳）。

营养师佳凝叮咛

雪梨银耳羹汤是特别适合孕妇食用的汤品，银耳滋阴润肺的功效，不会影响孕妇和胎儿发育，还有助于补充人体所需的蛋白质、脂肪和多种维生素，具有补养的功效。需要注意的是，在出锅前不要放过多的冰糖。

糖藕粥

食材： 糯米 100 克，藕 150 克，红糖少许、枸杞子 5 颗。

做法：

（1）糯米淘洗干净备用；枸杞子提前泡好；藕刮去皮、去掉藕节后洗净，切成片备用。

（2）锅中放适量的水，大火烧开后放入淘洗好的糯米和切好的藕片煮 10 分钟。

（3）转小火继续煮 40 分钟，加入泡好的枸杞子，再煮 5 分钟关火。

（4）出锅前加少许红糖。

营养师佳凝叮咛

藕中含有维生素 K、维生素 C、维生素 B_{12}，铁和钾的含量也较高，藕含有大量的单宁酸和丰富的植物纤维，单宁酸具有消炎和收敛的作用，可改善肠胃疲劳。莲藕还有含黏蛋白的糖类蛋白质，能促进蛋白质和脂肪的消化，因此可以减轻肠胃负担，特别适合孕早、中期食用。

绿豆莲子粥

食材： 大米 200 克，莲子 50 克，绿豆 50 克，冰糖 10 克。

做法：

（1）大米淘净。

（2）莲子提前浸泡一夜后去心洗净。

（3）锅内加适量水烧开，加入大米、莲子、绿豆煮开。

（4）转中火煮半小时，出锅前加冰糖煮开即可。

营养师佳凝叮咛

　　莲子心味苦，在浸泡一夜后，一定要把绿色的心去除掉。绿豆的多酚类物质容易氧化，在绿豆汤和绿豆粥的煮制过程中，会逐渐从绿色变成红色，故而应当盖上锅盖，使其尽量减少与氧气的接触。

不用泡豆的红豆豆浆

食材：雪红豆、紫米、冰糖。

做法：

（1）挑选豆子（查看有无腐烂、变质的豆子）。

（2）将所有豆子清水洗净后倒入"豆浆机"（有的豆浆机可以不用提前泡豆子，直接制作成豆浆糊糊）。

（3）将所有食材倒入豆浆机，加适量的水，接通电源，按下按钮。

营养师佳凝叮咛

红豆、绿豆、芸豆、干蚕豆等都含有大量淀粉，属于"杂粮"，可以替代白米、白面作主食。这些豆类蛋白质含量是大米的 3 倍，钾、镁、铁、维生素 B_1、维生素 B_2、膳食纤维等营养素均达大米的几倍到十几倍。红豆含约 60% 的淀粉，蛋白质 20%，食用红豆类的"杂粮"后，饱腹感特别强，消化速度特别慢，血糖升高特别平缓。

糊塌子

食材： 鸡蛋2个，面粉50克，胡萝卜1根，西葫芦1个，盐少许，橄榄油少量。

做法：

（1）胡萝卜、西葫芦切丝。

（2）鸡蛋与面粉、少许盐混合打匀，调制成糊糊状的蛋液。

（3）煎锅烧热后倒少量橄榄油，再倒入混合好的蛋液，用手转动煎锅，使蛋液均匀铺于锅底。

（4）调中小火盖上盖煎到蛋饼边缘开始与锅壁分离，蛋液开始凝固时，翻面即可，待另一面煎熟透即可出锅。

营养师佳凝叮咛

糊塌子又叫做"鸡蛋菜饼"，它的品种可谓无穷丰富。西式加苹果，用黄油煎。日本风格是加大量圆白菜丝，上面再放海鲜丝，刷烧烤类酱。韩式的泡菜饼、海鲜饼、土豆饼国内常见。北京家庭风味的有洋葱饼、胡萝卜饼、番茄饼、韭菜饼和香菇饼等加多种蔬菜，美味又营养。把"糊塌子"当主食，搭配些凉拌蔬菜，菜饭比例更加理想。

小米南瓜粥

食材：南瓜 50 克，小米 100 克。

做法：

（1）将南瓜切成小块后，蒸 20 分钟，熟透即可。

（2）小米清洗后下锅熬粥，熬 30 分钟以后，发现粥变得黏稠即可。

（3）将蒸熟的南瓜取出放凉，用研磨器压碎（如果没有研磨容器，也可以放在菜板上用刀具的背部敲打）。

（4）小米粥熬好后，加入磨碎的南瓜蓉。

蒜蓉菠菜

食材：菠菜，蒜蓉，薄盐生抽。

做法：

（1）将菠菜洗净后，手撕成小段备用。

（2）大蒜用研磨器捣成蒜蓉。

（3）将菠菜下水焯后（下热水锅内不要超过 3 分钟）捞出放在冷水中浸泡。

（4）菠菜沥干水分后，摆盘加蒜蓉后，倒上少许薄盐生抽调味即可。

营养师佳凝叮咛

小米是日常生活中最常见的粗杂粮，微量营养素含量比精白大米要高出很多，特别是维生素 B_1、钾和铁含量非常丰富，是精白大米的几倍到十几倍。晚餐吃点小米粥之类的杂粮粥，对睡眠比较好。菠菜含草酸较高，需要沸水焯过，去掉大部分草酸后再凉拌。无论孕期哪个阶段，多吃绿叶蔬菜绝对是健康饮食所必不可少的，佳凝推荐孕期任何阶段每天都要摄入 300 ~ 500 克的绿叶蔬菜。

自制小馄饨

制皮：

（1）取 500 克的面粉放入和面盆中，随时加水（不断搅拌面粉）进行"和面"，直到和到"面光、盆光、手光"。

（2）饧面 30 分钟，在面团上面盖上一块湿布，或者保鲜膜包裹下即可。

（3）将面团用"擀面杖"擀成 2 毫米厚的面片，然后进行切片，切成 8 厘米宽的长条形状即可，所有的长条面片叠落一起后，用刀切成"梯形"的馄饨面皮。

馅料： 油菜 300 克（也可做成芹菜、韭菜馅，蔬菜需要放在沸水中煮 5 分钟后，冷水浸泡，控干水分后切碎），香菇和木耳发泡好（切碎末）；豆腐干（白色）切碎末。用 150 克猪肉糜，加少许盐、黄酒、香油，所有材料（用筷子）打在一起混合。

包馅：

（1）手拿一张制作好的馄饨皮（梯形），较窄的一面面向自己，平放在手心。

（2）用筷子或者小汤匙挖取少许的馅料放在馄饨皮中间。

（3）对折馄饨皮，将馅料全部包裹住，捏严实皮。

（4）将馄饨皮的两个下角对折折叠后，黏在一起，制作完成。

煮汤：

（1）紫菜 20 克，香菜 30 克，虾皮少许，备用。

（2）在汤锅里加骨头汤煮沸后下入包好的馄饨，煮沸后转小火煮 5 分钟，即可出锅。

（3）碗中放紫菜、香菜，盛入馄饨和汤汁。

营养师佳凝叮咛

馅料中含有蔬菜和猪肉糜，有肉类、蔬菜和面皮，营养搭配均衡，容易消化吸收，馄饨汤清淡，典型的半流食。特别适合孕期所有阶段的早餐。

蒜蓉双丁

食材: 宽扁豆, 藕, 蒜, 盐, 油, 鸡精。

做法:

(1) 将扁豆洗净后, 切成块; 蒜剥皮后, 捣成蒜蓉备用 (如果没有蒜蓉, 把大蒜切成片也可)。

(2) 藕削去外皮后, 用流水洗净。

(3) 汤锅中放适量的水, 烧开后大火煮扁豆和藕各3分钟, 捞出沥干水分。

(4) 锅中少许油, 烧五成热的时候, 将蒜蓉爆香, 接着下入藕块和扁豆, 煸炒3分钟。

(5) 最后加少许盐调味出锅。

营养师佳凝叮咛

扁豆中含有丰富的维生素 C 和铁, 对孕期缺铁性贫血孕妇非常有益, 需要注意的是, 扁豆一定要煮熟以后才能食用, 未熟透的扁豆易出现食物中毒现象。

熟透扁豆的具体方法:

(1) 水焯法: 将扁豆投入开水锅中, 热水焯透, 放入冷水中浸泡后再烹调。

(2) 干煸法: 把扁豆放入烧热的锅内煸炒, 炒至豆荚变色。

(3) 过油法: 把扁豆放入油锅中炸一下, 捞出滤干油再烹制。

如果不采用上述三法而直接煸炒, 最好长时间地焖烧, 这样较安全。另外, 一次食用扁豆不宜过多, 避免引起发生腹胀。

韭菜盒子

食材： 韭菜，鸡蛋，虾皮，豆腐，面粉，盐，油，葱。

和面：

（1）面粉 500 克倒入面盆中，逐步加入温水，进行和面，直到和至"面光、盆光、手光"。

（2）饧面 30 分钟，在面团上面盖上一块湿布，或者保鲜膜包裹下即可。

（3）在案板上撒少许"干面粉"薄面，开始揉面团，揉压成条状即可（粗细和擀面杖差不多即可）将面团揪成小剂子，每个约重 50 克。

（4）将小剂子揉圆，用手按扁后，擀面杖擀成圆形面片。

馅料： 韭菜洗净后，切成碎末（备用），鸡蛋打散后和豆腐、葱花一起炒成蓉（备用）。将韭菜碎加鸡蛋、豆腐蓉、少许虾皮、适量的盐，搅匀后混成馅料。

包韭菜盒子：

（1）擀好的面皮放在手心，中间加调制好的馅料（适量）。

（2）对折后，捏成半圆形状的韭菜盒子即可，注意收好边防止馅料漏出来。

烙韭菜盒子： 电饼铛放少许油，打开双面开关，煎至两面微黄（馅料成熟）就可以吃了。

营养师佳凝叮咛

韭菜盒子一般选春季头刀韭菜作馅，特别适合于春季的时候孕妇食用。韭菜盒子表皮金黄酥脆，馅心韭香脆嫩，滋味优美，韭菜、虾皮、鸡蛋搭配在一起会使营养更全面，味道更鲜美，更有利于我们的健康。虾皮加鸡蛋：虾皮含钙多，鸡蛋也是钙元素的"富矿"。烙韭菜盒子，很多人喜欢用油煎。为了减少油的摄入量，更有利于健康，推荐大家选择电饼铛来烙，它最大的特点就是受热均匀，不容易出现糊锅的现象。

午饭便当

便当饭盒那些事儿

回想起来在任何一家企业上班，似乎员工都没有指望"员工餐厅"能做得有多好，因为一开始就被扣上了"大锅饭"的帽子，无论单位是否提供午饭，我一直都尽量自己"带饭"。当我打开便当盒的时候，即使不是坐在家中餐桌旁边，妈妈的味道和爱心便当也会给我带来全天的好心情。

午饭如果选择带饭拿到公司微波炉加热后再吃，这样会"亚硝酸盐"过高吗？

烹饪好的菜肴，未经翻动放入饭盒内保存，冰箱冷藏，次日拿到公司里（最好放入冰箱），吃前热透，温度在70℃以上即可，隔夜菜中的亚硝酸盐含量没有宣传的那么高（每100克亚硝酸盐含量在10毫克左右），相比之下超市出售的腌制香肠类制品（每100克亚硝酸盐含量在20～70毫克）。因此只要储存、加热得当，完全可以放心食用。

午饭便当注意事项

1. 选择适合多次加热的食材，比如海带、木耳、胡萝卜、茄子等，这类食物不会在多次加热后变成暗绿色。

2. 选择玻璃密封盒，分装米饭、水果、热菜。

3. 食物盛装无需太满，到达容器的三分之二最佳。

如果是带凉拌菜，建议最好是当天现做现拌，若是头天晚间拌好之后，没有经过加热杀菌，也没有除去其中的硝酸盐，第二天上午在室温下久放，会因为细菌的繁殖而增加亚硝酸盐含量。

选择合适的带饭工具

1. 玻璃器皿：玻璃容器由于耐高温（可达 500℃ 甚至 1000℃），最适宜在微波炉中长时间使用，可作为带饭的首选容器。

在微波炉加热午饭适用的玻璃或陶瓷相对更安全一些。无论是塑料还是玻璃都应选透明为好，有颜色的产品建议准妈妈们还是放弃。

2. 木质饭盒：木头材质的饭盒，适合携带冷餐或者沙拉、水果等，不适宜在微波炉中加热。

还有一种办法是选择密封饭盒携带到公司，在公司备用一个陶瓷大碗，将午饭放在陶瓷餐具中进行微波炉加热。

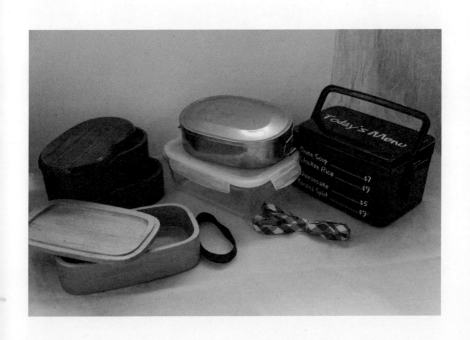

咖喱牛腩饭

食材：

牛腩500克，胡萝卜2根，土豆2个，洋葱半个，咖喱膏3块，椰浆150毫升（浓郁乳白色的椰浆），香叶2片，八角1个，花椒几粒，姜1块，油适量。

做法：

（1）土豆去皮切块（如果暂时不烹调，用冷水浸泡以免发黑），胡萝卜洗净切滚刀块，洋葱切片，牛腩切大块，姜拍破。

（2）牛腩焯水后，冲洗干净，放入高压锅内，加开水、香叶、八角、花椒、拍破的姜，上汽后压20分钟（喜欢牛肉软烂点的可以适当加长时间）。

（3）炒锅内倒少量油，八成热后，放入土豆、胡萝卜与洋葱，炒到表面收缩、微焦后捞出备用。

（4）将牛腩与炒好的蔬菜放入炖锅中，加入煲牛腩的肉汤，刚浸过食材即可。大火烧开后，放入3块咖喱膏。

（5）中小火炖煮20分钟，之后淋入椰浆调匀即可关火。其间可以尝尝味道，根据个人口味决定是否调入盐。

营养师佳凝叮咛

咖喱的主要成分是姜黄粉、川花椒、八角、胡椒、桂皮、丁香和芫荽籽等含有辣味的香料，能促进唾液和胃液的分泌，增加胃肠蠕动，增进食欲；咖喱还可以改善便秘，有益于肠道健康。咖喱牛肉搭配五谷之首的大米，特别适合孕晚期时中午搭配便当用。

腐乳肉便当

食材：

胡萝卜1根，鸡蛋1个，西兰花150克，五花肉150克，蒜蓉、葱花、盐、油、腐乳、料酒、生抽各适量。

做法：

（1）胡萝卜切丝后，用少许油煸炒3分钟左右，出锅前加少许盐。

（2）鸡蛋1个，加少许盐打成液，平底锅加少许油，把蛋液倒入煎成两面熟后，卷起。

（3）西兰花掰成小块，锅内加水烧开后下入西兰花，5分钟后捞出，放入冷开水中浸泡（备用），锅内加少许油，爆香蒜蓉、葱花后，下锅焯好的西兰花炒3分钟，出锅前加少许盐。

（4）五花肉切成2厘米左右的方块，焯水至五花肉变色，捞出沥干水分，下锅翻炒，待五花肉边缘焦黄时加入料酒、生抽、腐乳汁，均匀翻炒，加清水盖过五花肉，盖上锅盖，焖熟即可。

搭配：

紫米饭，五香毛豆，腐乳肉。

营养师佳凝叮咛

餐餐都要有蔬菜，蔬菜含有丰富的维生素、矿物质和膳食纤维，因此建议孕妇在整个孕期阶段都要摄入蔬菜，首选绿叶蔬菜，红黄色系的蔬菜可以作为绿叶菜的补充搭配用。鱼、肉、蛋、奶制品中均含有高蛋白，因此孕期任何阶段都不要忘记蛋白质的重要性。

鸡蛋虾皮炒河粉

食材：

虾皮 20 克，鸡蛋 2 个，河粉 100 克，香葱、油、盐、肉丝、海鲜酱油各适量。

做法：

（1）将河粉用温水浸泡 3～4 分钟，捞起滤干水分（备用）。

（2）鸡蛋打散后，加入少许虾皮，下锅炒，翻炒成小块（出锅备用）。

（3）锅底加少许油，葱花下锅后爆香，下入切好的肉丝煸炒熟透。

（4）在锅内续加一点油，将河粉全部下入，中火翻炒，滴入少许海鲜酱油后即可出锅。

营养师佳凝叮咛

虾皮中含钙量是日常所有食物中的冠军，虾皮适合用来做汤、馅料等，可以和紫菜、鸡蛋、洋葱等食材搭配。适合孕期任何阶段食用，选择虾皮时可以查看虾皮的大小是否均匀、饱满，色泽清澈、软硬度适中。

担担面

A. 肉臊

材料： 新鲜猪肉（肥四瘦六）250克，宜宾芽菜40克，姜碎、姜片、花椒、料酒各15克，老抽10克，白砂糖5克，盐3克，油适量。

做法：

（1）猪肉洗净，擦干水分，剁成肉糜，加盐、姜碎拌匀腌15钟左右。

（2）锅烧热后，倒入油烧到六成热时，放入姜片爆香。捞出姜片，下肉糜炒散。肉糜炒到全部变色后，沿着锅边烹入料酒。

（3）把火调到中火，再调入老抽上色，倒入宜宾芽菜翻炒。

（4）再放花椒，将肉臊炒到咖啡色，肉中的水分基本炒干的时候，最后调入糖炒匀就可以出锅了。

B. 面条

食材： 新鲜切面，酱油，辣椒油，花椒油，陈醋，糖，葱碎、蒜碎（或者也可在超市购买担担面的调料包）。

做法：

（1）面碗内将所有调料混合备用。

（2）面条入锅煮熟，捞出时尽量甩干水分，放入装有调料的碗中。

（3）撒上炒好的芽菜肉末，吃的时候将调料与面条拌匀。

营养师佳凝叮咛

刚炒好的肉臊待晾凉后，放保鲜盒内冷藏保存。随吃随取，取用的筷子或勺要干净无水的，避免污染肉臊发霉。炒肉臊的时候，尽量炒干一点，可以保存得更久些，如果不喜欢太干，也可以适当缩短炒制时间，但要尽快吃完，以免变质。

担担面是一道简单搭配的川味面食，面条中可以加入鸡蛋和面，在肉臊中可以根据自己的口味加入肉沫、青椒、黄瓜、茄子等，烹饪过程中采用少油低盐的烹饪方式，通常担担面的调味包里已经含有少量的盐分，所以炒制肉臊的时候无需额外添加盐。

日式酱油炒面

食材：

日式拉面 250 克，胡萝卜 1/4 个，洋葱 1/4 个，卷心菜 1/5 个，培根 2 片，鸡蛋 1 个，生抽 15 毫升，老抽 15 毫升，白砂糖 3 克，盐少许，橄榄油少许，肉松少许。

做法：

（1）溏心荷包蛋 1 个（根据喜好可以在上面撒少许肉松）。

（2）卷心菜、胡萝卜、洋葱洗净切丝，培根切小片。

（3）取一个小碗，把生抽、老抽、白砂糖、盐都放一起调匀备用。

（4）水沸腾后加少许盐，放入面条煮 3 分钟左右捞出过冰水，滤干水分并拌入一些橄榄油备用。

（5）锅内留底油，炒香培根，依次放入洋葱丝、胡萝卜丝炒透，再放入卷心菜丝炒至断生。

（6）面条放进去一起炒，用筷子快速拨散，然后倒入之前调好的料汁，开大火快速翻炒均匀，把酱汁都炒干即可。

营养师佳凝叮咛

（1）面条煮好后过冰水，可以使面条更筋道，滤干后拌少许油，可以使面条不粘连。

（2）面条选用日式鲜新拉面最好，在超市冷藏专区有售，它的粗细度是最适合用来做炒面的。

（3）日式酱油炒面三大主要食材：面、鸡蛋、蔬菜，这道日式面选用了胡萝卜、卷心菜、洋葱，从颜色上可以看出，还是绿色、橘色、紫色系三款颜色，肉类选择了少许培根进行搭配。（这道日式酱油炒面适合孕期任何阶段）

西红柿鸡蛋打卤面

食材：

番茄 3 个，鸡蛋 3 个，青豆 30 克，虾皮 10 克，海米 10 克，盐 3 克，白砂糖 2 克，番茄酱 20 克，葱花、淀粉水、油各适量。

做法：

（1）番茄去皮切块；虾皮、海米洗净，用温水泡一会再沥干水；鸡蛋打散后，炒熟捞出。

（2）锅内留少量油，爆香虾皮与海米，之后放入葱花一起炒出香味。

（3）放入青豆炒两分钟，再放番茄块炒匀。

（4）把炒好的鸡蛋放入，再放番茄酱，少量清水盖上锅盖，焖 10 分钟。

（5）10 分钟后，揭盖，调入盐，白砂糖炒匀，再淋入淀粉水，炒匀即可。

（6）把煮好的面条，捞入碗中，淋上做好的卤。

营养师佳凝叮咛

中国餐桌上最简单的一道家常菜，鸡蛋炒西红柿搭配少许的青豆、海米，为了掩盖西红柿炒后的酸味可以加少许白砂糖，出锅前调入盐。

适合夏天的凉面

食材：

鲜面条（1人份），黄瓜丝少量，胡萝卜丝少量，鸡蛋皮丝少量，火腿丝（腊肠切块）少量，天津利民辣酱，特级酱油15毫升，米醋15毫升，清鸡汤30~60毫升，盐少许，白砂糖2克，芝麻油10毫升。

做法：

（1）将除芝麻油外的所有调料倒入一个碗内，混合备用。

（2）鲜面条入沸水中煮熟，捞出迅速放进冰水降温，捞出滤干水分。

（3）滤干水分的面条，拌入少量芝麻油防粘。

（4）拌好油的凉面放入平盘中，摆上各种蔬菜丝、鸡蛋丝及番茄块，淋上混合好的料汁即可（吃的时候拌匀）。

营养师佳凝叮咛

大多数国人日常餐桌上"主食过于精细"，白色米饭占据主要地位。孕期在主食上应增加适量的粗粮，例如，八宝粥、红豆饭、燕麦片等。这道适合夏天做的凉面，可以将面条换成粗粮中的"荞麦面"，配菜有绿色、橙色的蔬菜，黄瓜和胡萝卜等。（适合孕期任何阶段）

Spaghetti Bolognese $8
Caesar Salad $5

Fish and Chips $6
Mixed Vegetables $9

甜椒炒洋葱　西芹香干

食材：

烟熏香干 250 克，芹菜 200 克，花椒少许，彩椒、洋葱各适量，生抽 15 毫升，白砂糖 2 克，盐 3 克，油适量。

做法：

（1）锅中倒入油，大火加热至六成热时，倒入香干，转成中火，煎至香干的表面出现金黄色气泡时盛出。

（2）锅中再倒入一点油，大火加热，待油六成热时，转小火，放入花椒炒至香味。

（3）倒入韭菜、香干，再快速调入生抽，白砂糖，盐，改大火翻炒均匀后即可出锅。

（4）彩椒切成条、洋葱切条（备用）。锅底加少许油，下切好的洋葱翻炒后，陆续把彩椒下锅，出锅前加少许盐即可。

搭配：

鹌鹑蛋、红烧肉（两块）、绿萝卜切块（5 块），米饭 1 人份。

营养师佳凝叮咛

香干是生活中常见的大豆制品，香干中含有丰富的蛋白质和钙，与芹菜一起炒，可以根据个人喜好加入少许花椒粉调味。芹菜还有较多的膳食纤维，特别适合孕中、晚期便秘的孕妇食用。

香芹牛肉包子　配蘑菇炒肉

食材：

面团部分：面粉 400 克，水 250 毫升，酵母 5 克。

馅料部分：牛肉糜 400 克（带点肥的才香），料酒、生抽、葱姜水、白砂糖、胡椒粉、花椒油、盐、芹菜各适量。

做法：

（1）酵母加温水化开醒 5 分钟，再和面粉混合均匀，揉成光滑柔软的面团，覆盖好，放温暖处进行发酵。

（2）牛肉糜调入料酒、葱姜水、生抽、白砂糖、胡椒粉拌至细滑润软，再加入花椒油，腌制 20 分钟。

（3）芹菜择洗干净，先入沸水锅中焯煮 2 分钟，捞出切碎。

（4）将芹菜和肉馅加盐混合均匀。

（5）将发酵至两倍大的面团取出，再排出内部气体，滚圆后扣上盆，饧一会儿。将松弛过的面团取出来，揉成光滑柔软的面团。分成若干个小剂子，擀成薄面皮。

（6）包入馅儿，捏合边缘，做完所有。

（7）大火烧开锅内的水，开水上屉，大火蒸 10 分钟，关火闷 5 分钟。

搭配：

蘑菇炒肉、新鲜草莓。

营养师佳凝叮咛

馅食品大多属于是传统的中式快餐食品，一种馅中可以加入七八种原料，轻松实现了多种食物原料的搭配，比用多种原料炒菜，实在方便得多，改善馅料的营养均衡要从原材料入手，不妨可以加一些富含可溶性纤维的食品，如香菇、木耳、银耳以及其他各种蘑菇，或者海带、裙带菜等藻类。这道香芹牛肉包子，香芹纤维粗硬，含钾、钙、镁元素，还有很多抗氧化物质，芹菜叶中的营养成分高于芹菜的叶柄，芹菜（香芹）可以改善孕期的便秘，特别适合孕中、晚期。

扁豆炒培根

食材：

宽扁豆，培根，葱花，盐，油各适量。

做法：

（1）扁豆清洗干净后，切成小段（沥干水分备用）。

（2）培根切成小方块（备用）。

（3）锅底少许油，下入葱花，将洗好的扁豆炒制8分钟，中途不断翻面防止糊锅。

（4）扁豆炒熟后，放入培根，翻炒2分钟，加少许盐（培根本身含有盐，切忌不要放多了）。

搭配：

煮玉米、米饭、油焖大虾。

营养师佳凝叮咛

培根属于典型的"加工肉制品"，建议大家尽量少吃超市熟食，但是偶尔解馋一次是可以的，不可否认，孕期因为吃不到自己想的食物而抑郁的"准妈妈"不在少数。扁豆中含有的蛋白质和B族维生素相对于其他蔬菜较为丰富，烹调时一定要在受热均匀的情况下焖、炒15分钟以上，将扁豆炒至有微黄色除去豆腥味，扁豆中毒的原因是其含有红细胞凝聚素和皂苷，这些物质具有化学毒性，只有加热到100℃并烹调10～15分钟以上，才能被破坏。

芹菜炒肉

食材：

西芹1根，猪肉200克，葱（半根），甜面酱少许，盐、姜、十三香、油各少许。

做法：

（1）芹菜斜刀切片，葱切丝，猪肉顶刀切片，待用。

（2）热锅，倒油，油热后，关小火，倒入肉片，翻炒。

（3）肉炒至肉白色时，放入两小勺甜面酱，翻炒。

（4）待甜面酱上色均匀后，点少量开水，放入葱姜，十三香。

（5）待汤汁均匀后，放入西芹，调成大火，翻炒。根据个人口味放盐。

（6）待西芹炒至微透明时，关火出锅。

搭配：

黄瓜片、水果（葡萄、大枣、橘子）。

营养师佳凝叮咛

芹菜炒肉是以芹菜和瘦肉为主要食材的家常菜，色香味俱全，营养价值丰富，操作简单。芹菜不宜多吃，可能会导致胃寒，影响消化；芹菜所含营养成分多在菜叶中，应连叶一起吃，不要只吃茎秆而丢掉营养丰富的芹菜叶。

煎饺子

做法：

（1）先将饺子煮熟。平底锅放一点点油烧熟（锅底薄薄刷一层即可），不然有生油的味道，烧熟后把煮好的饺子摆放好，盖上锅盖。

（2）用大火把锅热一下然后马上换小火，慢慢煎约1分钟。

煎饺子小窍门

（1）如果是剩的凉饺子可以在摆放完饺子后放2～3汤匙的水，这样可以用水蒸气把饺子热得透一些，水干后底油会把饺子煎成金黄色。

（2）油一定要烧开后，晾凉了才能放饺子，否则一点水都会让油溅出来烫到手。

（3）煎的时候一定要盖上盖子，可以防止油飞出来，也能让饺子没那么容易糊掉。

新手可以用下面几个方法避免糊锅：

（1）稍微多放些油，多到什么程度呢，就是平底锅倒完油之后晃动一下，让锅底布满油，但是当你把锅倾斜之后油只有1～2汤匙那么多。

（2）头几次没经验，可以试着先用最小的火也就是所谓"文火"来煎，不要盖锅盖，随时翻看下饺子，看煎到什么程度了。

（3）煎饺子之前，开火把锅底水分烧干，关火，用切好的姜片反复擦锅底后再倒入油，这样能有效预防粘锅。

营养师佳凝叮咛

有句老话"好吃不过饺子"。饺子是最符合"平衡膳食"的一款传统中餐，饺子馅为蔬菜和肉类，这种搭配非常合理。肉中富含优质蛋白质，蔬菜中则有维生素、纤维素、微量元素等。饺子馅的品种越来越多，海鲜、鸡蛋、鱼类、豆类等均可入馅，使饺子的营养更多样化。吃油煎饺子、锅贴等需要注意避免摄入过多的油，选用平底锅或者电饼铛最佳。

鱼香茄子

食材：

长茄子1个，柠檬1个、干辣椒、柱侯酱、油适量。

做法：

（1）茄子洗净，连皮切成5厘米长、2厘米宽的条。柠檬对半切开，挤出柠檬汁。

（2）炒锅内倒入油，大火烧至七成热，放入切成条的茄子，炸约4分钟至茄条软透后捞出，沥去油分。

（3）炒锅内留少许油，烧至六成热，放入切好的干红辣椒碎、剁辣椒和柱侯酱爆出香味，倒入炸好的茄子条，翻炒均匀后加入蒜碎，调入白砂糖、盐和蚝油，拌炒至汤汁浓稠，关火，淋入柠檬汁，翻炒均匀（不吃辣的可以不放辣椒）。

（4）将炒好的茄子盛盘，撒上香葱花即可。

搭配：

凉拌藕片。

营养师佳凝叮咛

紫色皮肤的茄子有着健康血管功效，茄子皮集中了茄子中的绝大部分花青素抗氧化成分，也含有很高浓度的果胶和类黄酮，丢掉实在是太可惜了。茄子的做法有很多种，例如蒜泥凉拌茄子、麻酱拌蒸茄子等。这道鱼香茄子特别适合做午饭便当用，它方便携带、便于微波炉加热。

荷兰豆炒广味腊肠

食材：

荷兰豆 400 克，广味腊肠 300 克，油、蒜、盐各少许。

做法：

（1）腊肠切片，大蒜切片，荷兰豆两头去丝，洗净控水。

（2）锅内放入适量油，因为腊肠会出油，油比平时炒菜的量要少些。

（3）油热后放入腊肠，腊肠炒熟后放入蒜瓣。

（4）炝出味道放入荷兰豆，翻炒，荷兰豆都受热均匀放入适量盐即可。

搭配：

米饭、豆干、黄瓜片、西域香妃梨、橘子。

营养师佳凝叮咛

在荷兰豆豆荚和豆苗的嫩叶中富含维生素 C 和能分解体内亚硝胺的酶，具有抗癌防癌的作用。在荷兰豆和豆苗中还含有较为丰富的膳食纤维，可以有效防止孕妈妈的便秘。腊肠中广味腊肠是比较有代表性的一种，加工过程中加入白酒、白砂糖、食盐等调味，缺点是含有亚硝酸盐，不宜孕妈妈多吃，偶尔一次换口味并无大碍。

蒜蓉西兰花

食材：

西兰花100克、蒜蓉5克、胡萝卜1根，油、盐、水淀粉各少许。

做法：

（1）将西兰花用手掰开清洗干净（西兰花柄不要扔掉，去皮切块一起炒，也很好吃）。

（2）胡萝卜切粗条，蒜切蓉。

（3）锅中放水，烧开，加入一点盐和植物油，放入西兰花和胡萝卜汆烫几秒钟，稍微变色了立刻捞出。

（4）锅里面放植物油，六成热，放入蒜蓉爆炒出香味，放入西兰花、胡萝卜翻炒。

（5）快熟时倒入水淀粉和盐，搅拌均匀即可。

搭配：

米饭、清蒸鱼肚、黄瓜片、橘子、鸭蛋、大枣。

营养师佳凝叮咛

清淡的蒜蓉炒西兰花，做法简单的家常小炒，耗时短、做好后脆爽可口，配白粥或米饭都是不错的选择，西兰花富含蛋白质、脂肪、磷、铁、胡萝卜素、维生素 B_1、维生素 B_2 和维生素 C、维生素 A 等。

翡翠虾仁便当

食材：

虾仁 200 克，豌豆 100 克，盐 3 克，料酒 5 毫升，蛋清 1 个，淀粉 3 克，水淀粉 100 毫升，盐、油各适量。

做法：

（1）虾仁从背部剖开，去除肠泥，洗净沥干水分，加入一半盐、一个鸡蛋的蛋清和淀粉抓匀。

（2）将剩下的一半盐、料酒、水淀粉兑成芡汁备用。

（3）豌豆用开水焯熟备用。

（4）锅内倒入油，烧到六成热时，放入虾仁炒散，待虾仁全部变色后，下豌豆，淋入芡汁翻匀出锅。

搭配：

米饭、葡萄或可生吃的蔬菜。

营养师佳凝叮咛

（1）虾仁去除肠泥洗净后，尽量把水分沥干，可以用厨房纸擦干更节省时间，再与调味料一块腌制。

（2）腌制虾仁也可以放少量白胡椒粉去腥，但如果不喜欢这个味道可以忽略。

（3）炒虾仁的油不能太热，要中温油时下锅，这样做出的虾仁才嫩。

虾肉鲜美脆嫩，含有丰富的镁，镁对心脏活动具有重要的调节作用，含有丰富的赖氨酸、优质蛋白质，能促进人体发育、增强免疫功能。豌豆中所含的粗纤维，能促进大肠蠕动，保持大便通畅，能起到清洁大肠的作用。

紫菜包饭

食材：包饭专用紫菜适量，白米饭 100 克，胡萝卜丝，芹菜丝，鸡蛋、香油、油、火腿、芝麻各适量。

做法：

（1）锅内加水烧开，放入切好的芹菜丝焯烫至变软，胡萝卜丝焯熟，捞出，沥干水分，待用。

（2）重新起锅，倒油烧热，倒入搅匀的鸡蛋液，中小火煎熟。盛出放凉后切成条待用。

（3）取一张紫菜（包饭专用紫菜），放在专用的竹帘上，戴上一次性手套。

（4）将米饭用少许香油炒热后均匀地铺在紫菜上，铺好的米饭要用手压平，米饭不要铺满（米饭焖好之后盛出来要放至微温。可以在焖米饭的时候加一些糯米一起蒸，这样可以增加米饭的粘性）。

（5）在靠近自己的这一边，依照自己的喜好在米饭上放上煎蛋、火腿、芹菜等，撒一些芝麻。

（6）将竹帘卷起，先将米饭上的鸡蛋萝卜等卷起，卷起之后用双手均匀地将卷好的部分捏紧。然后，继续卷，卷的时候要双手均匀用力，一边卷一边将卷好的部分捏紧。待全部卷起之后再用双手合力捏几下竹帘卷。

（7）卷好的紫菜卷，用刀切成 1.5～2 厘米厚。

搭配：

绿萝卜、煎饺子。

营养师佳凝叮咛

韩国紫菜包饭的米饭中加的是香油和盐，其中的馅料选取比较随意，胡萝卜、黄瓜、腌萝卜、肉松、蟹肉棒、鸡蛋、青菜、金枪鱼罐头、香肠、腊肠等，各种颜色的食材搭配在一起，漂亮且精致。紫菜的营养十分丰富，含碘量很高，富含胆碱和钙、铁，能增强记忆，治疗妇幼贫血，促进骨骼，牙齿的生长和保健作用。

豆沙包

食材：

面粉 200 克，酵母粉、牛奶、豆沙馅各适量。

做法：

（1）将酵母粉用少量温牛奶调匀；将牛奶分次倒入面粉中，用筷子搅打至雪花状，揉成光滑的面团。

（2）将面团放于温暖处静置，这是第一次发酵，40分钟，至2~3倍大。

（3）发酵好的面团，抓中中间拉出即可见大小匀称、有韧性的蜂窝状组织，排气后，揉圆。准备好豆沙。将面团分割成大小一样的小面团，包入圆形的小豆沙团，团圆。封口捏紧，并朝下放置。

（4）静置，这是二次发酵 15 分钟，至面团 1.5 ~ 2 倍大。

（5）冷水上锅，中火蒸制 15~18 分钟（视面团大小）。关火后闷 3 ~ 5 分钟即可开盖。

搭配：

蒜炒西兰花、红烧肉、樱桃小萝卜、黄瓜、橘子。

营养师佳凝叮咛

自制豆沙包是非常好的健康食品，建议大家用全麦粉替代精粉，可以用枣肉替换白砂糖，这样改良的配方膳食纤维比普通豆沙包多些，原材料可以选用赤小豆、红芸豆、红枣为主材，赤小豆含有蛋白质、维生素 B_1、维生素 B_2、烟酸、钙、铁等营养成分，由于迎合口感，往往需要加入少许的糖进行调味，患有糖尿病的孕妈妈不宜食用过多。

Fish and Chips ...
Mixed Vegetables

红烧肉盖饭

食材：

五花肉（肥瘦相间），酱油，葱，八角，黄酒，桂皮，冰糖，盐少许，油适量。

做法：

（1）五花肉连片切大块，然后把锅坐热倒少许油，肉入锅煸炒约十分钟，当析出很多油时肉就熟了，然后将肉捞出来。

（2）炒糖色（少许油下锅后加入冰糖），中火把冰糖炒化改小火，继续炒有点冒小烟、颜色介于浅黄色和焦黄色之间时放肉，肉呈浅黄色（如果想让肉颜色发紫则需再炒炒，直到烟更大，颜色深紫时赶紧放肉）。

（3）下肉时顺便把八角和桂皮也放进去，然后放切好的葱段和姜片，开大火，先放酱油爆香，后放黄酒炒匀后贴着锅边下开水，水到肉的四分之三处即可，最后放 10 克盐，大火坐开，转小火，盖盖焖 1～1.5 小时（焖1 个小时后小火焖半小时）。

搭配：

蒸红薯、少许米饭、清蒸三文鱼一块、萝卜、黄瓜切块。

营养师佳凝叮咛

五花肉中含有丰富的优质蛋白质和必需脂肪酸，并提供血红蛋白、促进铁吸收的半胱氨酸，能改善缺铁性贫血；具有补肾养血，滋阴润燥的功效；但由于猪肉中胆固醇含量偏高，故糖尿病、肥胖人群及血脂较高者不宜多食。此便当中，加入了蒸红薯、绿色蔬菜（黄瓜和绿萝卜）。红薯含有膳食纤维、胡萝卜素、维生素 A、B 族维生素、维生素 C、维生素 E 以及钾、铁、铜、硒、钙等 10 余种微量元素，含有大量膳食纤维，在肠道内无法被消化吸收，能刺激肠道，增强蠕动，起到通便的作用。

四季豆炒榨菜盖饭

食材：

四季豆 100 克，榨菜 50 克，干辣椒丝、花椒、盐、糖、生抽、菜籽油、猪油各少许。

做法：

（1）四季豆撕去老筋，洗净滴干水分后斜切成段，干辣椒剪成粗丝备用。

（2）锅内放小块猪油，与少量菜籽油混合烧热后，放入四季豆炒到表面微焦后起锅。

（3）再次烧热锅，爆香干辣椒丝、花椒，出香味后再放入榨菜炒片刻。

（4）加入四季豆炒匀后，调入少量盐、糖、生抽，炒匀后即可出锅。

营养师佳凝叮咛

四季豆无论单独清炒，还是和肉类同炖，或是焯熟后凉拌都很符合人们的口味。但是要注意的是：

（1）烹调前应将豆筋摘除，否则既影响口感，又不易消化。

（2）烹煮时间宜长不宜短，要保证四季豆熟透，否则会发生中毒。

（3）为防止中毒发生，食前应加处理，可用沸水焯透或热油煸，直至变色熟透，方可安全食用。

豆豉鲮鱼油麦菜盖饭

食材：

油麦菜 100 克，豆豉鲮鱼罐头 1 听，鸡精、水淀粉少许、蒜、葱、油适量。

做法：

（1）将油麦菜洗净切成 2 寸长的段。

（2）打开豆豉鲮鱼罐头，将里面的鱼块切成小段条。

（3）葱、蒜切成碎米。

（4）坐锅点火，待油热后煸香葱蒜末，加入油麦菜，均匀翻炒，放入切好的豆豉鲮鱼，迅速翻炒均匀加入鸡精出锅即可，不用放盐了，豆豉和鱼都比较咸。最后用少许水淀粉勾芡让汤汁包裹住菜即可以出锅装盘。

搭配：

米饭，红烧肉，香梨，橘子。

营养师佳凝叮咛

油麦菜含有大量维生素和矿物质，因其茎叶中含有莴苣素，故味微苦，具有镇痛催眠、降低胆固醇、辅助治疗神经衰弱等功效。孕晚期睡眠质量不高的准妈妈不妨在餐桌上增加些油麦菜。

蒜炒苋菜

食材：

苋菜100克，大蒜子3粒，油、盐各适量。

做法：

（1）苋菜择洗干净。

（2）大蒜子剥去皮，用刀拍散。

（3）锅中油烧热后，倒入红苋菜和蒜瓣。

（4）加适量盐翻炒至八成熟时出锅。

搭配：

油焖大虾、煎鸡蛋饼、豌豆饭团。

营养师佳凝叮咛

苋菜中草酸含量很高，所以烹调前用开水焯烫，可以去除所含的草酸，苋菜富含多种人体需要的维生素和矿物质，易被人体吸收，对于增强体质，提高机体的免疫力，促进儿童生长发育，有加快骨折愈合，防止便秘的功效。苋菜是一道特别适合临产孕妇的蔬菜。

胡萝卜西兰花小炒

食材：

胡萝卜50克，木耳20克，西兰花50克，盐、鸡精、葱花、姜末、油各适量。

做法：

（1）水发木耳洗净，胡萝卜切成片、西兰花切小块后焯熟。

（2）葱花、姜末放温油里爆香，放入胡萝卜片、西兰花翻炒，等煸熟以后加入木耳一起炒，木耳熟后放适量的盐、鸡精调味即可。

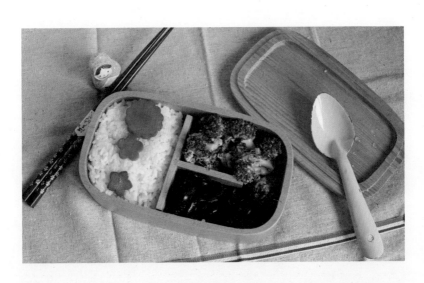

营养师佳凝叮咛

西兰花中维生素C、胡萝卜素含量很高，堪称蔬菜之最，是我日常在微博中经常推崇的一款绿叶蔬菜。这道便当中加入西兰花、木耳、胡萝卜，既清淡又营养丰富，觉得口味清淡的孕妇可以加入少许豆豉或者蒜蓉炒制西兰花。

从小爱吃的菜

海米炒油菜

食材： 海米50克，油菜400克，鸡汤少许，盐、味精各适量等。

做法：

（1）将海米用温水浸泡15分钟，油菜洗净切段备用。

（2）锅内入少许油，油温在八成热时倒入海米、油菜翻炒片刻后加入适量鸡汤焖煮3分钟，加入盐、味精调味，勾芡起锅即可。

营养师佳凝叮咛

油菜中富含丰富的钙质、叶酸、维生素 B_2 和钾，油菜搭配海米炒制往往不需要添加盐，因为海米中含有一定的盐分。海米炒油菜被列入孕期补钙食谱之首。

什锦面片汤

食材：

面片（自制口感最佳），鸡蛋1个，西红柿1个，土豆半个，小油菜，午餐肉，盐3克，糖2克，油少许。

做法：

（1）西红柿洗净切片，土豆去皮切片（半厘米厚左右即可），鸡蛋打散，油菜洗净，午餐肉切片，面片准备好。

（2）油热后，先炒鸡蛋，炒散后，放入土豆、西红柿煸炒匀，再放入午餐肉同炒。

（3）淋入开水，大火煮开后，放入面片，调中火，直到面片煮熟后，再放入小油菜，调入盐、糖，搅匀，关火。

营养师佳凝叮咛

面片汤主要材料是面粉，但是汤头可以丰富多变，汤可以是排骨汤，增加了西红柿、鸡蛋、油菜（菠菜）均可，还可以根据个人喜好增加海米、豆腐干、玉米粒等。

南煎猪肝

食材：

芥蓝 200 克，猪肝 50 克，料酒 10 毫升，糖 3 克，干淀粉 5 克，盐少许，鸡精少许，白胡椒粉少许，香油 5 毫升，色拉油 50 毫升，生抽 20 毫升。

做法：

（1）猪肝切成 0.5 厘米厚的大片，加生抽 10 毫升、料酒和干淀粉 5 克搅匀后腌制 1 小时。

（2）芥蓝去掉根部硬的部分，洗净，放入沸水中焯到断生为止，捞出沥干水分装盘。

（3）中火烧锅中的色拉油（六成热），放入猪肝煎到半熟盛出。

（4）将鸡精、生抽、盐、糖、白胡椒粉和干淀粉加水调成水芡粉，倒入烧热的锅中，煮开后放入煎过猪肝翻炒均匀，待汤汁收浓后倒在芥蓝上，最后淋上香油。

营养师佳凝叮咛

猪肝中含有丰富的维生素 A，100 克猪肝（卤煮）含有维生素 A 4200 微克，而孕妇类人群维生素 A 的推荐摄入量为 800 ~ 900 微克，如果不是严重缺乏维生素 A，每天不宜摄入过多的动物肝脏，建议每天 15 克左右即可。

春 饼

食材: 饺子粉或富强粉,色拉油或植物油。

做法:

(1) 烫面、和面:面粉和热水的比例是 5:3,先将面粉倒入盆中,一手持筷子不断顺着一个方向搅拌,一手缓缓地倒入热水,不断搅拌至热水全部倒入。将面盆静止片刻,待手部能完全接受面粉的温度开始和面(和好后饧面 30 分钟)。

(2) 擀面:将面团在案板上搓成长条,用手揪出小剂子,大概一个剂子 50 克左右,用刷子沾少许油,在剂子上刷油,然后两个剂子重叠按在一起。用擀面杖擀开一张薄薄的春饼(直径 13~15厘米,厚度 1.5 毫米最佳)。

(3) 烙饼:锅内不用加油,用小火慢慢加热,切忌直接用大火烙饼,烙 2 分钟后翻面即可,发现春饼变得透明即可出锅。

营养师佳凝叮咛

(1) 春饼含有蛋白质、脂肪、糖类、少量维生素及钙、钾、镁、硒等矿物质,因卷入的馅料不同,营养成分也有所不同,大家可以根据自己喜好发挥食材,用豆芽菜和粉丝加调料或炒或拌而成。另外还要配炒菠菜、炒韭菜、摊鸡蛋等热菜以及被称为"盒子菜"的熟肉,如酱肘花、酱肉、熏肉、炉肉等。

(2) 做春饼需要汤面饼,和面的时候要用热水,温度在80℃~90℃即可。和面的时候水温较高,需要用筷子搅拌面粉。

(3) 选择电饼铛或者平底厚锅来烙饼最佳。

鲜菌鲫鱼蘑菇汤

食材：

鲫鱼2条，时令鲜菌750克，姜片，葱段，白胡椒粉5克，盐5克，油少许。

做法：

（1）锅烧热后，倒油，烧至九成热时，下鲫鱼（鲫鱼提前用厨房纸擦干水分）煎。

（2）煎的时候，不要心急翻动，用铲子轻轻推动，如果鲫鱼能跟着铲子动了，证明可以翻面了。翻面再煎时，下入姜片，煎2分钟。

（3）放入所有菌类，倒入开水，加一半白胡椒粉，盖上盖，大火滚15分钟。

（4）15分钟后，调入另一半白胡椒粉和盐搅匀，撒上葱段，即可出锅。

营养师佳凝叮咛

（1）鲫鱼购买的时候请店家代为处理干净后，拿回家一样要仔细把腹腔内的黑膜去除干净。

（2）煎鱼的时候，一定要把空锅烧到很烫时，再放油，油热后，再下鱼煎，这样可以做到生物防粘，鱼皮也不容易破了。

（3）留一半白胡椒粉最后加，是因为白胡椒粉如果煮久了，香味会消失，先加一部分去腥味，最后加剩下的增香。

鲫鱼蘑菇汤是比较容易做的一道菜品，无论是香菇、牛肝菌或者白蘑菇均可，食用菌类无论什么品种，在营养价值上差别不大，大家完全没有必要购买昂贵的松茸进补。

田园蔬菜龙骨汤

食材：

猪龙骨（猪的脊背）1根，胡萝卜1根，西芹2根，蘑菇10朵，玉米1根，藕片若干，姜8片，葱3段。

做法：

（1）龙骨洗净后入冷水锅内加热，沸腾后将水全部倒出不要，洗净备用。

（2）龙骨放入砂锅内，一次性加足够量的冷水，放姜片、葱段一起，大火烧开，加入藕片。

（3）烧开后转小火，撇去浮沫；1小时后加入胡萝卜继续煲。

（4）再过1小时后依次加入蘑菇、玉米、西芹、葱，继续煲20分钟左右即可。吃的时候盛在碗内时再放盐。

营养师佳凝叮咛

猪龙骨是典型的高蛋白食物，因为其脂肪含量较高，在烹饪过程中要控制好用油量，所以在这道汤中，没有提前用油煎炒，而是在龙骨汤里加入蔬菜。需要提醒孕妈妈的是龙骨汤并不补钙。

蒜蓉四季豆

食材：

四季豆 100 克，大蒜 10 克，西红柿 1 个，薄盐生抽适量。

做法：

（1）将四季豆掐头尾洗净切段，大蒜剁成蒜蓉备用。

（2）锅加入水烧开后，下入四季豆，水煮 4 分钟后断生，捞出放入凉水冰下。

（3）将煮熟的四季豆沥干水分，装盘子，倒入薄盐生抽。

（4）最后撒上剁好的蒜蓉，西红柿切丁做点缀即可。

营养师佳凝叮咛

四季豆在中国北方叫豆角，又叫菜豆、架豆、芸豆、刀豆、扁豆等，是餐桌上的常见蔬菜之一。适用于脾气虚弱、食欲不振的准妈妈。四季豆需要开水煮 5 分钟熟透后捞出放入凉水中浸泡，这样会使得颜色保持得比较鲜艳。

油醋汁玉米

食材： 黄色甜玉米2根，蒜蓉、香草、小红辣椒丁、油、盐各适量。

做法：

（1）煮好的甜玉米放凉待用。

（2）调制烧烤汁、少许油加热后，做成熟油，加入蒜蓉、盐、小红辣椒丁，或者加入购买的西餐油醋汁调料（淘宝有售）

（3）用小刷子，刷在玉米上即可。

营养师佳凝叮咛

油醋汁是西餐各式沙拉的配料之一，特别适合夏天食用。油醋法有些油腻的感觉，但无需担心，因为橄榄油是很健康的食用油，被称为"营养之王"。橄榄油与其他食用油相比，含有丰富的不饱和脂肪酸，是理想的凉拌、烹调用油，是迄今油脂中最适合人体的食用油。

蒜蓉蒸丝瓜

食材：

丝瓜 300 克，粉丝 50 克，蒜 4 瓣，糖少许，盐少许，鸡精少许，油 20 毫升。

做法：

（1）粉丝用冷水泡 5 分钟，蒜捣成蒜蓉。

（2）丝瓜切成 3 厘米长的小段，用勺子挖出一个浅坑，用来放置蒜蓉。

（3）小火将油烧至五成热，放蒜蓉煸炒，加盐、糖、鸡精调味，炒出蒜香后盛出，将焯好的蒜蓉放入丝瓜坑里。

（4）取一个盘子，在盘底铺上泡发好的粉丝，把酿好的蒜蓉丝瓜段摆好，大火烧开蒸锅内的水，隔水蒸 5～6 分钟出锅。

（5）锅内倒少许油，加热后，倒在蒸好的丝瓜上。

营养师佳凝叮咛

烹制丝瓜时应注意尽量保持清淡，油要少用，可用勾芡或者少许味精和胡椒粉提味，这样才能显示丝瓜香嫩爽口的特点，因为丝瓜的味道清甜，烹饪时不宜加酱油和豆瓣酱等口味较重的调味。富含维生素 C、B 族维生素，适合孕期出现头晕、乏力、疲倦的孕妈妈食用。另外丝瓜也特别适合哺乳期妈妈，是通乳的一款蔬菜。

蒜蓉烤茄子

食材：

长茄子1个，大蒜10瓣，姜2片，水淀粉、盐、油各少许，白砂糖、鸡精、红辣椒、香葱各适量。

做法：

（1）大蒜捣成蒜泥，姜切成碎，红辣椒切成小丁，香葱切成小碎。

（2）长茄子洗净，用刀把茄子一分为二，放在微波炉里高火3分钟。

（3）用蒜泥、姜碎、红辣椒丁、盐、白砂糖、盐、油、鸡精，再加入半汤匙水淀粉调成蒜汁待用。

（4）烤箱上下预热200℃，将微波炉加热过的茄子放在烤盘中，上下火烤10分钟。

（5）把调制好的蒜汁均匀地倒入茄子上，再放进烤箱10分钟，出炉后撒上切好的葱花即可。

营养师佳凝叮咛

茄子的健康做法：可以放在蒸锅里蒸10分钟，或者用微波炉热一下去掉一部分水分，或者在锅里不放油干焙一会儿，都能让茄子不再那么吸油，质地同样柔软可口，茄子在烤箱中烤10分钟，出箱后可以和勾芡的蒜汁搭配，味道完全超出自己的想象。

清蒸鲈鱼

食材:

鲈鱼1条,胡萝卜、香葱、姜、蒸鱼豉油、料酒、胡椒粉、盐、植物油各适量。

做法:

（1）将杀好的鲈鱼清洗干净,在鱼背部打花刀,将料酒2汤匙、盐少量、胡椒粉适量抹匀鱼全身,将胡萝卜、大葱、姜切细丝,塞入鱼肚中。腌制10分钟左右。

（2）提前烧开半锅水,出蒸汽后放入腌制好的鱼,大火蒸10分钟关火。

（3）将蒸好的鱼身上的姜丝去除,倒掉蒸鱼中浸在盘中的腥水。依次在鱼身上铺上葱丝和胡萝卜丝。

（4）锅内入植物油烧热,要烧到冒烟,将热油从鱼头浇至鱼尾,特别是有葱、姜丝的地方,可以听到"呲呲"声。

（5）最后将"蒸鱼豉油"从鱼头浇至鱼尾即可。

营养师佳凝叮咛

购买新鲜的鲈鱼用来清蒸,既可以保留风味又健康合理,这道菜推荐给孕早期的准妈妈们,鱼类高蛋白、低脂肪、富含多种维生素和矿物质,清蒸可以最大限度地保留营养成分。

清炒小河虾

食材： 小河虾 100 克，香葱、胡椒粉、白酒、生抽、盐、白砂糖、姜末、蒜蓉各适量。

做法：

（1）小河虾洗净，沥干水分，用盐、胡椒粉、姜末、少量白酒腌渍 15 分钟，等待入味。

（2）锅烧热，煸香蒜蓉。

（3）迅速放入小河虾，轻轻翻炒。放入切好的香葱，加少许白砂糖、生抽调味。翻炒均匀，出锅即可。

营养师佳凝叮咛

孕期增加鱼虾类的食物可满足孕妇在孕期对钙质的需求，除了沿海一些城市外，买到新鲜的海虾不是件容易的事情，但是农贸市场随处可以购买到的小河虾成了不二的选择，比起海虾，虽然河虾的个头要小上许多，更为细小，但是肉质却比海虾细嫩许多。河虾的营养价值虽然丰富，但是并不适合高血脂、高胆固醇的人群。

胡萝卜炒木耳

食材： 胡萝卜150克，水发长白山木耳50克，葱段50克，花生油、姜丝、料酒、盐、味精各适量。

做法：

（1）将胡萝卜洗净，去根，切成片。木耳洗净，撕片。净锅下花生油，中火烧至六成热时，用葱段、姜丝爆锅。

（2）烹入料酒，倒入胡萝卜片、水发木耳煸炒几下，加入盐和少许清水，稍焖，待胡萝卜片烂熟后，用味精调味，翻炒均匀即成。

营养师佳凝叮咛

木耳含大量可溶性膳食纤维，有助于预防便秘和降低血脂，木耳只能裹挟消化道的杂质，对可直接进入肺泡的细颗粒物（PM2.5）没有多大改善意义。

荞麦面紫甘蓝沙拉

食材：

紫甘蓝，荞麦面，金针菇，红色甜椒，四季豆，香菜，白芝麻，白砂糖，盐，料酒，生抽，洋葱末，柠檬汁少许，芝麻油少许。

做法：

（1）紫甘蓝切丝备用，金针菇去掉根部，切成2厘米长，香菜切碎备用。

（2）荞麦面放在沸水中煮3～5分钟，每次水沸后倒入半杯凉水。煮好的荞麦面用凉水冲2～3次备用。

（3）调制沙拉酱：白芝麻1大勺，白砂糖少许，料酒1勺，生抽3勺，洋葱末2小勺，柠檬汁少许，芝麻油1大勺，混合成沙拉酱。

（4）把所有的食材盛入盘中，淋上沙拉酱拌匀。

营养师佳凝叮咛

紫甘蓝又称"紫包菜"，富含维生素C和胡萝卜素，还有多酚类的花青素，可增进食欲，促进消化，预防便秘，同时还有一定的改善睡眠的功效。

两人世界的意大利面

食材：

意大利面 160 克，洋葱 40 克，蒜末 10 克，胡萝卜 20 克，西芹 20 克，新鲜番茄 200 克，牛肉糜 150 克（带部分肥肉），红酒 30 克，汉斯意面酱 40 克，高汤 180 克，月桂叶 2 片，橄榄油 15 毫升，黄油 5 克，盐、胡椒各适量，干酪粉 10 克，新鲜罗勒叶适量（点缀用）。

做法：

（1）洋葱、胡萝卜、西芹洗净，切成小碎粒。新鲜番茄用热水去皮后，入料理机里打成泥状备用。

（2）锅中加入橄榄油，倒入蒜末，炒香之后加入洋葱碎、胡萝卜碎、西芹碎一起拌炒，一直炒到浅咖啡色时捞出。

（3）在锅中加热黄油，将牛肉糜炒香，待牛肉糜炒松散后，倒入红酒炒匀，再倒入汉斯意面酱、番茄泥炒匀。

（4）放入刚才炒好的蔬菜碎，两片月桂叶，高汤，熬煮 20 分钟左右。

（5）另一锅，按照意大利面包装袋上的烹饪要求，将意大利面煮好，沥干水分放入盘中。

（6）肉酱汁中加入盐，胡椒调味，取出月桂叶丢掉。

（7）煮好的肉酱淋在意大利面上，撒上干酪粉，点缀罗勒叶即可。

营养师佳凝叮咛

意大利面的主要营养成分有蛋白质、糖类等，意大利面用的面粉和我们国内做面用的面粉不同，它用的是一种"硬杜林小麦"，所以久煮不软，这种硬小麦既含丰富的蛋白质，又含复合糖类。这种糖类在人体内分解缓慢，不会引起血糖迅速升高。因此，意大利面还被用作调控糖尿病患者的饮食。

椒盐茄盒

食材：

长茄子，猪肉馅，姜碎，葱碎，盐，白胡椒粉，料酒，面粉，干淀粉，椒盐，鸡蛋。

做法：

（1）长茄子洗净，切成圆薄片，每片约0.5厘米，每2片为一组，底部不要切断，使其能够呈打开书页状的茄夹。

（2）猪肉馅中加入葱碎、姜碎、料酒、盐、白胡椒粉，搅拌均匀。

（3）取适量肉馅填入切好的茄夹中，制成茄盒。

（4）碗中放入面粉、剩余的干淀粉、鸡蛋和少许清水，搅拌均匀，调成面糊。

（5）火烧热锅中的油至六成热，将茄盒放入大碗中均匀地裹上一层面糊。

（6）放入锅中炸制成金黄色，捞出沥净油汁，撒上椒盐。

营养师佳凝叮咛

童年里最美味的一道菜！猪肉和茄子营养丰富，通过油炸，更加鲜香，我家的一大一小喜欢吃，为了对健康有利，油炸食品要减少，孕期若偶尔馋嘴可以尝试一次。茄子含丰富的蛋白质、维生素 A、维生素 B_1、维生素 B_2、维生素 P、钙、铁、钾等。

黑胡椒培根蛋炒饭

食材：

米饭2碗，鸡蛋2个，培根3片，黑胡椒3克，葱花适量，盐3克，猪油。

做法：

（1）鸡蛋在碗内打散，培根切小片。

（2）锅热后，放入猪油让它慢慢融化，彻底融化完后，倒入一半葱花炒香。

（3）放入培根片，炒到微焦时倒入打散的蛋液。

（4）趁蛋液未凝固时，倒入米饭，炒匀，不时用铲子压松结块的米饭。

（5）待米饭炒到粒粒分明时，调入盐、黑胡椒炒匀，最后放入剩下的葱花炒匀即可。

营养师佳凝叮咛

培根炒饭会增加我们的饱腹感，烹饪的时候需要额外注意的是，一定要少油低盐，这样才能保证我们的健康饮食。

荷塘小炒

食材：

胡萝卜 50 克，藕 100 克，长白山木耳（水发）50 克，荷兰豆 50 克，盐、鸡精、水淀粉、色拉油各适量。

做法：

（1）木耳用水泡发后，洗净泥沙，撕成小朵。荷兰豆撕去两头的老筋，洗净。鲜藕切去两端的藕节，刮去表皮，洗净后切成 0.2 厘米的薄片。胡萝卜去皮，斜刀切成薄片。

（2）将水淀粉、盐和鸡精混合，调成芡汁备用。

（3）锅内烧开水，先加入藕片焯 10 秒左右，再加入胡萝卜片焯 10 秒左右，最后加入黑木耳和荷兰豆焯 10 秒左右，然后把锅内所有东西捞出，沥干热水后用凉水浸泡备用。

（4）锅内倒入油，大火烧至五六成热，将沥干水的藕片、黑木耳、荷兰豆，下锅快速翻炒约 2 分钟，加入胡萝卜片，改中火，浇入芡汁翻匀，勾薄芡即可。

营养师佳凝叮咛

荷塘小炒是粤菜中的一道名菜，其中的莲藕，富含淀粉、蛋白质、B 族维生素、维生素 C、脂肪、糖类及钙、磷、铁等多种矿物质，秋季吃莲藕有清热、健脾、开胃等功效。

海鲜面

食材：

海虾，茼蒿，紫甘蓝，海鲜酱油，盐，味精。

做法：

（1）准备的海虾洗净，改刀，装盘。要注意虾最好要采用活皮虾，它用来煮汤比对虾和基围虾更加鲜美。

（2）紫甘蓝和茼蒿洗净备用。

（3）取适量面条，下锅煮到8分熟。

（4）把海鲜下锅翻炒下加入适量的水，加入煮好的面条，加入盐，少许味精、海鲜酱油和茼蒿，等茼蒿变色，起锅即可。

营养师佳凝叮咛

面条的营养成分主要是取决于卤汁和配菜，搭配海鲜、蔬菜或者蘑菇、木耳、鸡肉等均可，面条在烹饪方面的优势是10分钟即可上桌，满足孕期妈妈多餐的饮食计划。

腐乳肉

食材：

五花肉，腐乳，姜，葱，白砂糖，绍兴黄酒，盐，大料，桂皮，香油。

做法：

（1）将五花肉洗干净后，放入水中煮至8分熟，取出置容器中晾至常温。

（2）把五花肉放入锅内，加水没过肉面，加葱、姜、大料、桂皮和绍兴黄酒、白砂糖、腐乳和少许盐，炖1小时，待水分收干后，捞起五花肉，肉皮朝下装在一个大碗中。

（3）锅底剩余的汤汁，倒入肉碗内，上抽屉蒸半小时，至酥软透烂为止。

（4）将蒸好的肉倒入盘子中，肉皮朝上，渗出蒸碗内的汤汁，倒入锅中收浓，淋上香油，浇在腐乳肉上即可。

营养师佳凝叮咛

红烧肉是一道著名的大众菜肴，以五花肉为制作主料，选用肥瘦相间的五花三层肉来做最佳，经4～5小时的炖煮，肉中的胆固醇含量能减少50%以上，需要注意的是，即使是健康人群也不可以食用过多。

粉丝肉丸汤

食材：

猪肉糜，面粉，香菜，粉丝，盐，胡椒粉。

做法：

（1）自制肉丸：肉丸要想做得好吃，一定要多使劲摔打。另外加入十分之一的鸡肉，会让肉丸的口感更嫩滑。猪肉糜中加少许盐、胡椒粉调味，加入面粉用手揉成小丸子形状。

（2）将肉丸和水放入汤锅中煮开。

（3）粉丝提前用温水泡软，然后将粉丝倒入汤锅中。

（4）放入适量的盐和胡椒粉。

（5）再次煮开后，放入切碎的香菜段即可。

营养师佳凝叮咛

有时候将包饺子剩余的肉馅做成"肉丸"，口感不错，而且不浪费食物。做好的肉丸不宜堆放，会造成表皮的塌软变形，可以用淀粉隔离。但更好的办法则是将其放入冰箱的冷冻室。

豆皮烧五花肉

食材：

五花肉 1000 克，豆皮 4 根（另外加点青椒点缀下，颜色更好看）香葱一小把，姜 1 块，桂皮 1 小根，干辣椒 5 个，香叶 3 片，八角 2 个，料酒 15 毫升，生抽 30 毫升，老抽 15 毫升，白砂糖 30 克，盐 3 克，油适量。

做法：

（1）将五花肉洗净，放入锅中，倒入清水，大火加热后，转成中小火煮约 20 分钟，筷子能将肉戳穿即可。捞出后，改刀切成 2 厘米大小的块。

（2）干豆皮扭成麻花扣洗干净后，沥干备用。

（3）锅中倒入油，大火将油加热至七成热时，放入肉块煸炒 2 分钟，再放入姜、八角、桂皮、香叶、干辣椒炒出香味，倒入生抽、老抽炒制肉上色后，烹入料酒。

（4）倒入开水没过肉的表面，放入葱结，大火烧开后盖上盖子，改成小火焖 30 分钟。放入白砂糖、盐、豆皮和青椒，改成大火，待汤汁变浓稠即可。

营养师佳凝叮咛

猪肉属酸性食物，为保持膳食平衡，烹调时宜适量搭配些豆类和蔬菜等碱性食物，如土豆、萝卜、海带、大白菜、芋头、藕、木耳、豆腐等。

粗粮大拼盘

食材：

玉米，红薯，南瓜，毛豆各适量（马铃薯、山药、花生等均可）。

做法：

（1）玉米、毛豆、花生用水煮熟。

（2）红薯、南瓜、土豆等隔水蒸熟后切块。

营养师佳凝叮咛

这种粗粮大拼盘实现了主食多样化的搭配、维生素 C、B 族维生素、胡萝卜素含量比较丰富。

薯类含有丰富的维生素 C 和胡萝卜素、钾、膳食纤维等，对于体重增长过快的孕妇，可以将薯类作为蔬菜食用，薯类不适合采用油炸的方法烹饪，最佳方法就是蒸煮。

扁豆焖面

食材：

扁豆，面条，大蒜，肉丝，油，酱油少许。

做法：

（1）扁豆洗净后，切段备用，生面条切成小段备用。

（2）锅底放少许油，爆葱花，出香味后下入肉丝煸炒3分钟后，下入沥干水分的扁豆，翻炒5分钟后，加入酱油、水（水没过扁豆即可），下入干面条平铺在扁豆上，这样不会糊锅（注意挂面不适合做焖面，要新鲜的手擀面条）。

（3）盖好锅盖，小火焖2分钟后，加少许盐、蒜瓣搅拌，察看是否糊锅。

营养师佳凝叮咛

扁豆焖面特别适合家庭制作，手擀面条搭配扁豆方便省事，需要特别注意的是扁豆要熟透，半生的扁豆吃下易引起中毒。

薄盐生抽拌芥蓝（菜心）

食材：

芥蓝（或者菜心），蒜蓉，枸杞子，薄盐生抽。

做法：

（1）洗好的芥蓝切除根部，下热水中煮3分钟后，迅速捞起在冷水中浸泡。

（2）沥干水分后，摆盘，撒上薄盐生抽即可。

（3）加少许枸杞子装饰点缀。

营养师佳凝叮咛

绿叶菜淋上薄盐生抽，清淡饮食，这样既可以减少烹饪时间，又清淡少油。芥蓝口感略脆，风味独特，营养丰富。

紫甘蓝炒菊花菜

食材：

紫甘蓝 200 克，菊花菜 200 克，葱花少许，鲜贝露适量。

做法：

（1）紫甘蓝清洗后切丝，菊花菜撕成小片备用。

（2）锅底加少许油，爆香葱花，加入紫甘蓝迅速翻炒 3 分钟后，加入菊花菜。

（3）翻炒 2 分钟后加少许鲜贝露，出锅前撒少许盐即可。

营养师佳凝叮咛

孕妇需要额外注意，每天盐的摄入量控制在 6 克。还要注意，在调味品中如酱油、鱼露、鸡精中同样含有少许的盐分。

盐焗虾

食材：

鲜虾 12 只，海盐 1000 克，花椒 30 克。

做法：

（1）鲜虾洗干净后，用厨房纸吸干表面的水分。

（2）海盐与花椒放入铸铁锅内用小火炒热。

（3）炒热后，将虾一个个均匀地摆放在海盐表面，再盖上锅盖，小火焗 5 分钟左右。

（4）直到听见锅内有"噼噼啪啪"的响声时，即可关火出锅。

营养师佳凝叮咛

（1）做这道香草盐焗虾，使用的盐，不能是平时家里吃的那种细盐，要用粗海盐，这样焗出来的盐味刚合适，不会太咸。

（2）做盐焗类的菜，最好使用传热、保温、密封性能良好的铸铁锅（没有的话，平底锅也可以）。

（3）虾要用活虾，焗好后才鲜甜可口，用厨房纸吸干虾表面的水分这一步不能省略，如果虾是湿的话，焗了之后会非常咸，根本不能入口。

（4）含钙的食物很多，包括绿叶蔬菜，如油菜、苋菜、小白菜之类；卤水豆腐、豆腐干、豆腐丝；芝麻酱；海米和虾贝类。盐焗虾是我最推崇的烹饪方式，一滴油也不含，需要注意的是，盐的含量有点超标，所以吃盐焗虾的同时，其他菜肴需少盐。

干炸里脊

食材：

猪里脊肉 500 克，鸡蛋 2 个，色拉油、白胡椒粉、面粉、盐、牛肉粉各少许。

做法：

（1）里脊肉洗净；用刀小心切掉里脊背面的筋膜；将里脊切长 5～6 厘米长的段，用刀片成合适厚度的肉片，改刀切长条丝。

（2）将猪肉丝放入碗内，加入色拉油、盐、白胡椒粉、牛肉粉；搅拌均匀，腌渍 1 小时以上；打入鸡蛋 2 个。

（3）放入面粉；搅拌均匀，肉丝周身挂满面糊；锅烧热，倒油，油温七成热，将肉丝一丝一丝放入，炸至金黄色，捞出控干油。

营养师佳凝叮咛

高蛋白的食物往往也含有其他重要的营养素，比如钙、铁、锌等，因为孕妇设计餐单的时候，每餐都不要忘记了含有蛋白质的肉类，烹饪方式偶尔采用一次油炸并无大碍。

炸藕合

食材：

藕，猪肉糜，面粉，泡打粉，酵母，料酒，香油，胡椒粉，淀粉，色拉油，姜，葱，盐少许。

做法：

（1）先调一碗面糊，这一步很关键，外皮是否酥脆就指着它了。先把普通面粉30克、淀粉30克、泡打粉和酵母各一小撮（用手指捏一点的量）放到小碗里，用温水（用手指试一下不烫也不凉为宜）调成稠一点的面糊。放到温暖有湿度的地方发酵一会儿（可以把一杯开水放到微波炉里，再把面糊放进去，关上门就成了一个小温室）。大概要等半小时左右，面糊发酸，表面有点小泡就

可以用了。

（2）调肉馅。不要买纯瘦的肉馅，七分瘦三分肥的比较合适。在里面加入葱末和姜末，用筷子顺着一个方向搅拌一会儿，排出肉馅里的空气后再调味。

（3）调入料酒 1 勺、香油半勺、淀粉 1 小勺、盐 1 小勺，每放一样后就搅拌一下，这样搅出来的肉馅比较细腻。

（4）莲藕洗净、去皮，切成片，在两片中间夹上肉馅。调入盐半小勺和一点胡椒粉。

（5）用夹好肉馅的藕在面糊里蘸一下，喜欢吃酥皮多的就裹得厚一点，不喜欢的就多控一会儿。酥皮薄厚并不是面糊的稀稠决定的，而是在裹面的时候自己掌握的。

（6）准备一个直径小但有点高度的小锅，在里面放入油。用这种锅炸东西比较省油。油温不宜过高，因为里面有肉馅，油温太高的话，里面的肉馅还没有完全熟，外皮已经糊了。

（7）小火慢炸至表皮金黄后煎出，控掉多余的油后就可以享用美味了。

营养师佳凝叮咛

蛋白质在体内无法储存，食物蛋白质消化吸收而来的氨基酸在血液中只停留 4 小时左右，之后便转化成其他物质，要使得胎儿获得最佳氨基酸供给，一日三餐中每餐都添加点含有蛋白质的食物，比如早餐有豆类、牛奶、鸡蛋；中餐可以鱼虾、大豆制品，加餐可以增加些坚果类、奶酪等。

自制肉夹馍

食材：

五花猪肉，料酒，香菜，青椒，花椒，大料，香葱，桂皮，老抽黑胡椒粉，盐，白砂糖。

做法：

（1）猪瘦肉加料酒、花椒、大料、桂皮、老抽煮熟后，切成小块。

（2）香葱切小段，香菜切小段，青椒切丁。

（3）锅内油热后，放入一半的香葱爆香，关火后放入切好的碎肉丁和青椒丁。

（4）加入少许黑胡椒粉，适量盐、白砂糖，出锅前撒入切碎的香菜。

（5）发面饼子从中间切开个小口，把炒好的菜放入即可。

营养师佳凝叮咛

我国传统饮食导致主食过于精细，每餐的主食都缺少粗粮，孕妇的主食可以适当增加些，如小米粥、八宝粥、玉米饼、全麦面包等。

问营养师佳凝

一、From 河北—已孕—小鱼

身边好多朋友怀孕的时候都在吃 DHA，食补 DHA 可以替代保健品中的 DHA 吗？

食物中鱼身上含有 DHA 最多的部位是眼窝，烹调鱼采用清蒸和炖的方法可以最大限度地保留营养，尽量不要吃生鱼片，因为生鱼片没有经过高温处理，寄生虫和细菌残留严重。另外，金枪鱼、鲨鱼、鲈鱼、梭子鱼、剑鱼等深海鱼，可能会出现汞污染，偶尔吃一次影响不大，不建议长期大量食用。烹饪鱼最佳方法为清蒸、清炖、红烧、烤箱烤、煎等。如果有条件每周吃 3～5 次鱼即可。

补充 DHA 最佳阶段是从孕早期开始补充到哺乳期结束，每天额外补充 300 毫克，选择不含 EPA 的补充剂最佳。

坚果类食物，比如核桃、松子、榛子等，对增强准妈妈的记忆力和促进胎儿大脑发育有一定的作用，如果条件允许每天吃 50 克干果即可，因为坚果中脂肪含量较高，不建议孕妈妈每天大量摄入。

二、From 成都—小洁

自怀孕以来，好多人让我喝孕妇奶粉，可又有许多人说没必要，但都没争议地共同评价很难喝，看过好多蛋白粉又担心是转基因产品，为此很纠结，微博上求解！！

首先选择任何一款产品都要考虑是否适合自己身体情况，最简单有效的办法就是查看产品的成分表，研究下每种营养素的含量，如果目前您所服用的营养素（膳食补充剂）的含量是推荐摄入量（RNI） 的三分之一或者三分之二，那么您可以放心选择，因为我们通过一日三餐中还会摄取到一定营养。

关于蛋白粉，如果担心买到转基因大豆提取的蛋白，可以选择美国原装进口的豌豆蛋白提取物和稻米蛋白混合的产品，已通过非转基因认证，完全不用担心转基因问题，并且功效优于动物蛋白。

三、From 宁波—腻腻

我生完宝宝后一直身体虚弱，老公又不信中医，说是药三分毒，搞得我都不知道该如何吃补品了，中医的生化汤是否真的有效果呢？

生化汤有活血化瘀、助产后补血、去恶露的功效，是否服用生化汤要看个人体质而决定，生化汤一定要由中医诊断过，配合自己的体质使用。如果产妇有感冒、产后发热、产后感染发炎、异常出血、咳嗽、喉咙痛的症状须尽快回诊，不宜继续使用生化汤。

促进产后恢复可以选择"蘑菇提取液"，内含从冬虫夏草、灵芝、银耳等 7 种菌类的有效成分，具有提高身体免疫力、促进术后恢复、清除自由基、延缓衰老的功效。

四、From 重庆—黎黎

刚怀孕，老妈建议我买点燕窝、海参来补一补，孕期一定要进补这些吗？

燕窝和海参的营养功效并不像传说中那么神奇，不是必须要吃的食材，即使吃也应当作为普通食物对待。无论单种食物营养价值有多高，也比不上多种食物搭配，日常饮食中建议搭配五谷杂粮、蔬菜、水果、牛奶为好。

五、From 江苏—已孕—水晶

我每天要是不吃水果，就感觉血液不流动了，网上说孕

期吃水果多的话，会引起妊娠糖尿病，该怎么样选择水果呢？

水果富含膳食纤维、多种维生素和矿物质，每天适量吃些对准妈妈和胎儿都有好处，按照中国营养学会的"中国居民平衡膳食宝塔"，每天摄入200克左右的水果足以满足准妈妈的需求，若每天水果的摄入量超过500克反而对健康不利，水果含有的果糖、葡萄糖，被人体肠道吸收后会转化成中性脂肪，使准妈妈的体重增加。

水果含糖量：小于10%：甜瓜、西瓜、橙子、柚子、柠檬、桃子、李子、杏、枇杷、菠萝、草莓、樱桃。

11%~20%：香蕉、石榴、橘子、苹果、梨、荔枝、芒果。

大于20%：红枣、桂圆、哈密瓜、柿子、玫瑰香葡萄、冬枣、黄桃、干枣、蜜枣、柿饼、葡萄干、杏干。

准妈妈应该首选应季水果，因为反季的水果是在大棚内种植，违反了蔬果的自然生长条件，由于光合作用交叉，空气不流通，营养相对而言大打折扣，同时喷洒的农药不易挥发，有害残留物相对较多。

六、From 北京—已孕—银子

身边大多数的北京的人都习惯早餐用"习大大套餐"，就是包子铺里著名的"炒肝"。如果长期这样的早餐，会不会影响健康呢？

炒肝其实是动物内脏 + 淀粉糊炒制而成，对于缺乏铁、锌及维生素 A 的人群非常合适，但"三高"人士应限量摄入，吃一碗炒肝时可以把肉包子替换成"素包子"。

七、From 北京—备孕—豆豆

可以用水果/蔬菜代替主食吗？

水果和蔬菜虽然可以给孕妈妈饱腹感，但能提供的热量却很少，如果孕妈妈长期用水果、蔬菜代替主食，会造成热量摄入不足。

八、From　山东—小艾

海鲜和水果一起吃，会产生砒霜吗?

　　海鲜、河鲜往往被污染，其中富集了一些砷。五价砷毒性较小，但是如果被维生素 C 之类的还原剂还原成三价砷，也就是砒霜（三氧化二砷），就有中毒危险。但是准妈妈们不用担心海鲜和维生素 C 同服产生砒霜的问题，曾经有生活实验室用白鼠做过实验，完全不会引起中毒，100 ～ 200 毫克的砒霜才有致命性。我国的鱼类砷含量标准是 0.1 毫克 / 千克，也就是说，如果吃合格的水产品，那么即便吃 10 千克，也不会发生急性中毒问题。

　　需要注意的是：海鲜、河鲜属于寒性，肠胃虚弱的人需要少吃。吃大量水产品之后，再吃大量寒凉的水果，对部分人来说，容易引起腹泻、腹痛的问题。建议每天摄入 100 克左右海鲜、单一品种即可。

九、From　北京—OK

网络传吃酸性食物容易生女孩，多吃碱性食物容易生男孩，请问有科学依据吗?

　　其实在胎儿性别问题上，除了人工受精外，是无法进行干预的，胎儿性别主要取决于男性是 X 还是 Y 染色体，如果卵子结合的是 X 染色体的精子，就会发育成女孩；如果卵子结合的是 Y 染色体，则会发育成男孩。

十、From 芜湖—备孕—小君

午饭如果选择盒饭便当拿到公司微波炉加热后再吃，这样会"亚硝酸盐"过高吗？

烹饪好的菜肴，未经翻动放入饭盒内储存，冰箱冷藏，次日拿到公司里（最好放入冰箱），吃前加热透，温度在 70℃以上即可。隔夜菜中的亚硝酸盐含量没有宣传的那么高（每 100 克亚硝酸盐含量在 10 毫克左右），相比之下超市出售的腌制香肠类制品（每 100 克亚硝酸盐含量在 20 ～ 70 毫克）。因此只要储存、加热得当，完全可以放心食用。

午饭便当注意事项：

1. 选择适合多次加热的食材，比如海带、木耳、胡萝卜、茄子等，这类食物不会在多次加热后变成暗绿色。

2. 选择玻璃密封盒，分装米饭、水果、热菜。

3. 食物盛装无需太满，到达容器的三分之二最佳。

如果是带凉拌菜，建议最好是当天现拌现吃，若是头天晚间拌好之后，没有经过加热杀菌，也没有除去其中的硝酸盐，第二天上午在室温下久放，会因为细菌的繁殖而增加亚硝酸盐含量。

十一、From 上海—zhouzhou8717

听说维生素 E 可以提高男性精子质量，备孕时候是否有必要服用维生素 E 呢？

维生素 E 又名"生育酚"，它有着促进激素分泌的作用，适当地补充维生素 E 有助于提高准爸爸的精子活力和精子数量，通常情况下保持合理的饮食结构，多吃蔬菜水果即可，无需额外补充。

十二、From ♀丫丫

孕期如何防止发生缺铁性贫血呢？会不会影响胎儿呢？

怀孕后为了满足妈妈和胎宝宝的需要，在孕中、晚期孕妇的血容量会大大增加，然而增加的是血浆，红细胞并不能按照相同比例增加，而铁元素是构成红细胞的主要原料，所以孕期对铁的需求量非常大，铁供应不足就容易引发缺铁性贫血。

十三、From 深圳—已孕—呆

我现在早孕反应好严重，什么都吃不下，而且心情也好糟糕，该如何调理呢？

怀孕这件事是每个女人人生中重要的阶段，所以都会造成重大的心理负担，情绪变得极其不稳定，但是饥饿往往会增加早孕反应，建议这时候准爸爸出手，为孕妇烹饪色彩鲜艳的刺激食欲的"孕妇餐"。

令人情绪变得愉悦的食物有：香蕉、菠萝、南瓜、西红柿等。同时应该和家人提前说好，希望亲属们对我们孕妇有所担待，可以适当地吃些安神的食物，如百合、莲子、红枣等。

十四、From 蚌埠—维尼小熊

孕妈妈可以喝茶吗？

孕妈妈应该少喝浓茶、可乐、咖啡等，对于一些习惯饮茶和咖啡的人来说，一定要控制"咖啡因"的摄入量，因为咖啡因会让人的新陈代谢加速，加重尿频、失眠，并刺激肠胃。

如果实在想喝咖啡（速溶咖啡比现煮咖啡含咖啡因要高），每天不要超过 200 毫升。

习惯饮茶的妈妈们，在孕期尽量避免含有红花等带有活血理气功效的花草茶，准妈妈可以泡些枸杞菊花茶，可以起到明目去火的功效。

十五、From 空空儿

半夜腿部抽筋，无法睡整觉，是否因为缺钙引起的呢？

夜间小腿抽筋，通常发生在孕中、晚期，较常见的原因是缺乏钙、镁等矿物质，如果准妈妈缺钙，血液的钙水平下降，神经、肌肉的兴奋性就会增加，加之孕期体重增加，腿部肌肉处于一个疲劳的阶段，所以经常夜里发生抽筋。如果是缺钙，准妈妈应该多晒太阳，多吃牛奶、虾皮、坚果类食物。

当腿抽筋时候如何缓解？

1. 准爸爸在旁边协助，一旦腿抽筋立刻帮忙拉直小腿，进行轻轻拍打，此时孕妈妈的腿蹬直后，慢慢向小腿内侧方向勾脚趾。

2. 睡前热水泡脚 15 分钟可以缓解。

3. 睡前喝一杯热牛奶。

4. 宵夜可以选择小米粥的米糊。

孕期睡眠不好，尤其是到孕晚期最根本原因是由于腹部增大，无论是侧卧还是仰卧都感觉无法踏实入睡，这时候可以购买孕妇专用记忆棉护腰枕，可以支撑肚子，减少受力。我曾经在博客中写过一篇博文《当妈后要用最少的钱，办最大的事儿！》，文中提到自己的一些采购经验，尽可能地购买多用途的产品、实用性较高的孕期产品。

侧卧，支撑身体

垫在肚子下，支撑肚子

洁帛®

孕妇用

靠在背后，无需辅助可支撑住身体

产妇用

哺乳时，靠在背后支撑身体

哺乳时，垫在宝宝下面，缓解妈妈手臂的疲劳

十六、From* 芥の宇 *

孕期水肿、高血压怎么办?

孕妈可以用芹菜减轻水肿。

1. 芹菜的种类：芹菜为草本植物，目前市场上见到的芹菜有两种类型：一种是叶柄肥厚而富有，十分脆爽，这种可炒制，叶子纤维较多。另一种是叶柄细长中空、纤维较多，香味浓。两种营养价值差异并不大。

2. 芹菜可缓解孕期高血压：有些孕妈咪孕期发生妊娠高血压，容易引起胎盘早剥、心力衰竭、脑出血、肾衰竭等。芹菜具有降压的功效，研究证明，从芹菜中提取的芹菜素经过动物实验，对血管的舒张有明显的作用。临床对于原发性、妊娠期及更年期的高血压均有效。因此孕妈咪常吃些芹菜，也会对高血压有所缓解。同时，有妊娠高血压的妈咪，还应该特别注意控制钠盐的摄入量，多吃含钙、锌的食物。

3. 芹菜可以缓解水肿：芹菜含有利尿成分，可以利尿消肿，可以帮助孕妈咪缓解孕期水肿，帮助孕妈咪保持良好的体型。

4. 芹菜可以预防孕期便秘：芹菜是高纤维的食物，有润肠通便的功效，孕妈咪适当地在饮食中加入芹菜，可预防便秘的发生。

5. 芹菜可以降血糖：芹菜的叶、茎含有挥发性物质，别具芳香，能增加人的食欲。芹菜汁还有降血糖作用。经常吃芹菜，可以中和尿酸及体内的酸性物质，对预防痛风有较好的效果。

6. 芹菜采购和食用方法：购买时，要尽量挑选大小整齐，不带黄叶、老梗的。叶柄无斑点、虫伤、色泽鲜绿的芹菜。芹菜可食用部分主要为叶柄，芹菜叶香味宜人，味道很美，做法也相应简单。粗芹菜可以用来凉拌、炒食，细柄芹菜则主要用来做陷。粗芹菜的叶凉拌或者做陷也同样很美味。

十七、From 珍妮特

孕吐严重的时候吃什么能缓解呢？

孕吐是一种生理现象，虽然无法阻止孕期发生孕吐，但是一日三餐合理饮食，吃些容易消化的食物、少量多餐，摄入鱼、坚果、花生酱、面包等，将一天的用餐次数提至 5 ～ 6 次，就会减轻孕吐难受的感觉。

大多数的孕吐都不会影响孕妇的健康或者营养缺乏，只有少数孕吐严重导致无法进食，脱水严重的孕妈妈（超过 24 小时无法进食），需要立即就医，通常产科医生会采用输液的形式补充水分。

十八、From 风信子

害喜严重的时候特想吃酸的东西，可是好多人说孕妇不能吃山楂，是这样吗？

山楂具有活血化瘀的作用，容易刺激子宫收缩，导致流产或早产。因此无论是山楂罐头还是山楂制品，最好不要吃，如果实在想吃，可以选择酸奶、葡萄、橘子、草莓等。

十九、From 阿訇

孕期老想吃些重口味的硬菜，这样会盐超标吗？

建议妈妈选择清淡饮食，我在微博和微信上不止一次地建议大家尽量减少外出就餐，尤其是羊肉串、麻辣烫、酸辣粉等街边小吃，卫生条件根本无法保证，上班族的孕妈妈完全可以利用午休时间在公司附近市场选购食材，晚餐—早餐—午饭便当，全部亲自动手烹饪。

二十、From MOLLY

孕期可以吃火锅和烤肉吗？

孕期吃火锅的时候最好是先蔬菜、后涮肉，肉类一定要煮熟后再食用，小料不能太咸，只有合理利用食物才能减少肠胃负担，至于烤肉烧烤类食物我建议是少吃，如果馋嘴，偶尔可以外出吃一次，韩式烤肉中的高温烤制会产生致癌物杂环胺和苯并芘，吃烤肉的时候用生菜裹着肉类，增加薯类、蔬菜、蘑菇、洋葱等摄入，减少肉类摄入，不能用烤肉来充当主食。

二十一、From 暖暖

怀孕后炒菜是不是不能放味精啊？调料方面有什么需要注意的吗？

鸡精和味精都有提鲜的作用，味精的主要成分是"谷氨酸钠"，如果过量摄入这些会造成钠盐过量、锌的缺乏，凉菜、鱼、虾、鸡肉等味道较浓的食材，完全没有必要使用鸡精、味精，其他食材使用的时候，不要超过 6 克即可。

花椒、八角、桂皮、胡椒粉等调料是起到开胃作用，大量摄入的时候会对肠道产生不适，引起胃部灼热，准妈妈最好少吃或者不吃。

二十二、From 牛奶小舒

怀孕后服用孕妇专用的多维片，为什么会大便发黑呢？

市场上出售的孕妇多维片，里面含有铁元素，如果停用此现象就会消失，另外准妈妈服用含铁制剂会引起便秘，如果便秘严重出现胃痛现象，需要增加膳食纤维多的食物，比如芹菜、猕猴桃、火龙果、红薯、粗粮等。

二十三、From 紫色魔法师

孕期可以喝红糖水吗？红糖真的有补血作用吗？

红糖中钙质的含量是白砂糖的两倍，铁质含量也要高于白砂糖，还有益气、健脾暖胃的功效，不过红糖热量较高，里面不含维生素，不宜多喝。有先兆流产的孕妇不能吃红糖，因为红糖有一定的活血化瘀的作用。

二十四、From 北京刘洋

孕期的饮食习惯会遗传给宝宝吗？

孕期准妈妈如果挑食是会一定程度影响宝宝的。就拿我来说，孕期我最经常吃的蔬菜是西兰花、扁豆，神奇的是希宝只认这两种蔬菜，对其他蔬菜完全不感冒。如果准妈妈期待日后孩子"嘴壮"，那么从孕期就要养成良好的饮食习惯，多样化的饮食结构，纠正自己的挑食和偏食。

二十五、From 山东呢波波

孕期烧心怎么办？

经历了痛苦的早孕，舒服的日子还没过上两天，中晚期的孕妈咪可能又迎来新的一轮身体不适，其实有30% ～ 50%的孕妈咪都会在妊娠晚期的时候出现胃部症状，典型表现就是胃部烧灼感、胃胀和反酸。

子宫挤压和孕激素双重作用导致烧心：妊娠中晚期的孕妈咪之所以会出现胃部烧灼感、胃胀、反酸等不适，主要原因是增大的子宫对胃肠道造成了挤压。

随着子宫的逐渐增大，势必会挤占更多的空间，而胃肠道也会随之发生移位。在子宫的挤压下，孕妈咪的胃会向左上方移动，同时胃部压力也跟着增大。此时孕妈咪吃到胃里的食物会在这种压力的作用下发生逆向反流，即从胃反流回食管。食物经胃反流到食管时会带有大量胃酸，使孕妈咪感觉到反酸和烧心。

妊娠过程中，孕妈咪体内的孕激素水平很高，它除了保障正常妊娠以外，还有一个副作用，那就是抑制胃肠道平滑肌收缩，这种抑制作用会导致胃排空的延迟，这也是孕妈咪会感觉到胃胀的原因。

妙招一：少吃甜食。虽然甜品成了加餐的不二之选，但如果你有反酸、烧心的症状，那么就要关注你的嘴了，少吃甜食了，这是因为甜食会使胃酸分泌增多，从而使烧心、反酸加重。

妙招二：晚上7点后不进食。很多孕妈咪都有晚上加餐的习惯，但如果吃得太晚，或者吃得太多，都可能导致睡觉的时候出现胃部不适，甚至发生胃食管反流，正确的做法是晚上7点后尽量不要进食，让胃在睡前充分排空。这样就可以减轻夜晚的胃部不适。

妙招三：拒绝油腻食物。食用太油腻的食物，会导致孕妈咪出现胃部不适和腹泻，严重腹泻还可能会导致流产，因此千万不可掉以轻心。

妙招四：多喝米汤。用大米熬制的粥，孕妈咪可以喝些上面一层"米油"，米油对胃黏膜有保护作用。孕妈咪食用后可有效缓解胃酸、烧心等不适。

二十六、From 柠檬小艾

我刚怀孕，怎么样能预防妊娠糖尿病呢？

妊娠糖尿病通常发生在孕24～28周，如果检查发现，大多数在产后也会痊愈。防止妊娠糖尿病的小贴士：

1. 控制白砂糖、冰糖、蜂蜜、糖饮料的摄入。

2. 主食选择膳食纤维高的食物，如糙米、全麦面包。

3. 合理搭配食物，进餐方式采用"四餐大、三餐小"的方式，时间为早、中、晚、睡前，四餐之间各加餐一次。

4. 橙子、柠檬、菠萝、西瓜、草莓、樱桃这类水果含糖量较低，孕妈妈可以放心选用。

二十七、From 北京李春梅

我皮肤上一直起湿疹，担心反复发作，从准备怀孕开始就不敢乱吃东西了，担心湿疹会反复发作，孕期护肤品也不敢涂一点，请问有什么办法改善不？

我曾经有过近 10 年的湿疹困扰，最开始的时候是出现在季节变化时，在眼皮上周围长有片状的红色湿疹，后来敷过黄瓜片改善了许多，在春秋季节交替的时候，手指处大面积长湿疹，那时候涂"派瑞松软膏"已经形成抗药性，还是口服"湿毒清胶囊"治愈的。鉴于春梅是准妈妈，可以尝试用芦荟胶涂患处。另外孕期护肤可以用面膜纸吸收爽肤水或者（玫瑰纯露）在面部涂薄薄一层的芦荟胶后，用发泡好的面膜纸敷面 15 分钟，保湿效果胜过任何大牌护肤品。

图书在版编目（ＣＩＰ）数据

怀得上生得下孕期营养攻略 / 邹佳凝著. -- 长沙 ： 湖南
科学技术出版社，2016.6
ISBN 978-7-5357-8244-1

Ⅰ．①怀… Ⅱ．①邹… Ⅲ．①孕妇－妇幼保健－食谱
Ⅳ．①TS972.164

中国版本图书馆 CIP 数据核字(2015)第 098720 号

HUAIDESHANG SHENGDEXIA YUNQI YINGYANG GONGLUE

怀得上生得下孕期营养攻略

著　　者：邹佳凝
责任编辑：邹海心
出版发行：湖南科学技术出版社
社　　址：长沙市湘雅路 276 号
　　　　　http://www.hnstp.com
湖南科学技术出版社天猫旗舰店网址：
　　　　　http://hnkjcbs.tmall.com
印　　刷：长沙市雅高彩印有限公司
　　　　　（印装质量问题请直接与本厂联系）
厂　　址：长沙市开福区德雅路 1246 号
邮　　编：410008
版　　次：2016 年 8 月第 1 版第 1 次
开　　本：880mm×1230mm　1/32
印　　张：7.5
书　　号：ISBN 978-7-5357-8244-1
定　　价：29.80 元